生物体内的化学

[英] 凯尔 · 柯克兰 ◎ 著

邹 玲 ◎ 译

上海科学技术文献出版社
Shanghai Scientific and Technological Literature Press

图书在版编目（CIP）数据

化学在行动．生物体内的化学 /（英）凯尔·柯克兰著；邹玲译．—上海：上海科学技术文献出版社，2025.
—ISBN 978-7-5439-9099-9

Ⅰ．O6-49

中国国家版本馆 CIP 数据核字第 2024JH8940 号

Biochemistry

A Brown Bear Book

Devised and produced by Brown Bear Books Ltd, Unit G14, Regent House, 1 Thane Villas, London, N7 7PH, United Kingdom

Chinese Simplified Character rights arranged through Media Solutions Ltd Tokyo Japan email: info@mediasolutions.jp, jointly with the Co-Agent of Gending Rights Agency (http://gending.online/).

图字：09-2022-1060

责任编辑：付婷婷
封面设计：留白文化

化学在行动．生物体内的化学
HUAXUE ZAI XINGDONG. SHENGWU TINEI DE HUAXUE
[英]凯尔·柯克兰　著　邹　玲　译
出版发行：上海科学技术文献出版社
地　　址：上海市淮海中路 1329 号 4 楼
邮政编码：200031
经　　销：全国新华书店
印　　刷：商务印书馆上海印刷有限公司
开　　本：889mm×1194mm　1/16
印　　张：4.25
版　　次：2025 年 1 月第 1 版　2025 年 1 月第 1 次印刷
书　　号：ISBN 978-7-5439-9099-9
定　　价：35.00 元
http://www.sstlp.com

目录

1 碳水化合物

生物化学是研究生物体内分子和化学反应的一门学科。地球上所有生命都依赖碳元素及其形成的化合物的化学作用。

元素是物质组成的基本形式。所有元素都是由被称为原子或离子的微小粒子组成的。不同元素的原子组合在一起，形成被称为分子的结构体。生物只利用92种天然元素中的少数几种。实际上，大多数生物仅由碳、氢、氧、氮、硫、磷6种元素组成。其余元素中，仅有21种是生物过程所必需的，这些元素在生物体内含量极少，被称为微量元素。

水果等甜味食物含有葡萄糖和果糖等碳水化合物。碳水化合物是植物和动物的能量来源。植物可以通过光合作用合成碳水化合物，但动物不能，所以动物必须吃含有碳水化合物的食物。

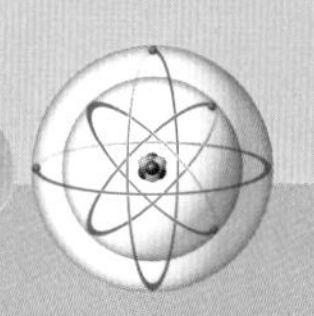

碳是一种独特的元素，因为它能形成无数种化合物（不同类型原子的组合）。这是因为碳原子的最外层有4个电子，并且可以与其他原子共用外层电子。有机化学是化学的一个完整分支，专门研究碳及其形成的化合物。

碳水化合物是生物所能利用的最简单的碳的化合物，是动植物的主要能量来源。碳水化合物分子由一个或多个单糖单元（糖）聚合而成，分子通式是$C_m(H_2O)_n$，其中m和n是大于或等于3的正整数（m和n的值可以相同，也可以不同）。碳水化合物有一条碳骨架，氢原子和氧原子连接到这条骨架上。正因为有一条由碳原子构成的骨架，碳水化合物被称为有机分子。虽然该通式始终成立，但一些复杂碳水化合物的分子中还含有其他元素，如硫、磷和氮。

人体细胞不能利用二氧化碳和水制造碳水化合物，所以我们必须通过饮食来摄入碳水化合物。植物富含碳水化合物，这是因为植物能够通过光合作用合成碳水化合物分子，因此有些植物是绝佳的食物来源 。

化学家按照碳水化合物分子的大小把它们分为三类，分别是单糖（含有一个单糖单元），二糖（含有两个单糖单元）和多糖（含有多个单糖单元）。

碳水化合物的名称来源于其分子式$C_m(H_2O)_n$。“hydrate”一词指的是水，碳水化合物中有多个水分子，用$(H_2O)_n$表示，还有多个碳原子，用C_m表示。

▼ 糖果中含有大量的蔗糖，蔗糖是一种有甜味的碳水化合物。市售的蔗糖晶体可以赋予咖啡和茶等饮料甜味。

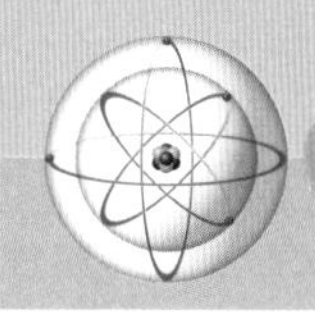

近距离观察

绘制分子结构式

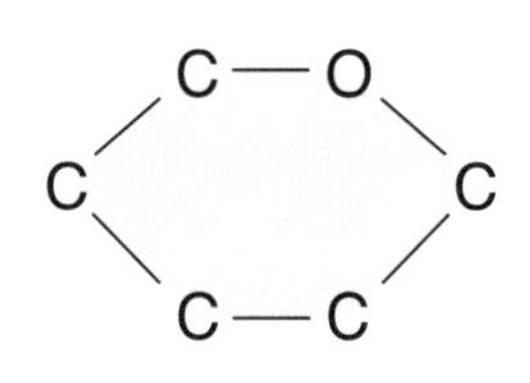

化学家有很多绘制分子的方法。图中5个碳原子和1个氧原子以单键（用直线表示）的形式连接成环。

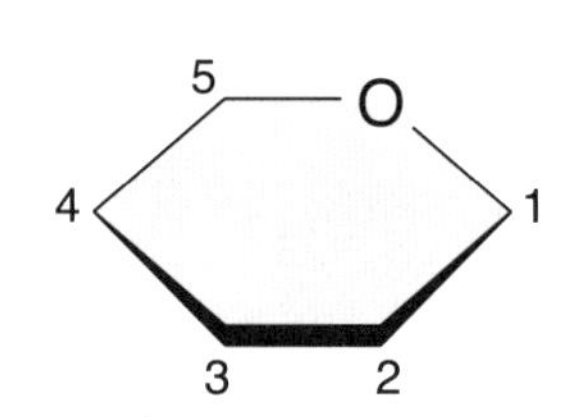

碳是许多分子中的常见元素，在含碳元素分子的结构中，有时字母“C”都不显示。这幅图上显示的分子与上图相同，但除了碳以外，其他元素仍然显示，比如单个的氧原子。化学家也可以给碳原子编号，以便描述各原子之间的连接方式。

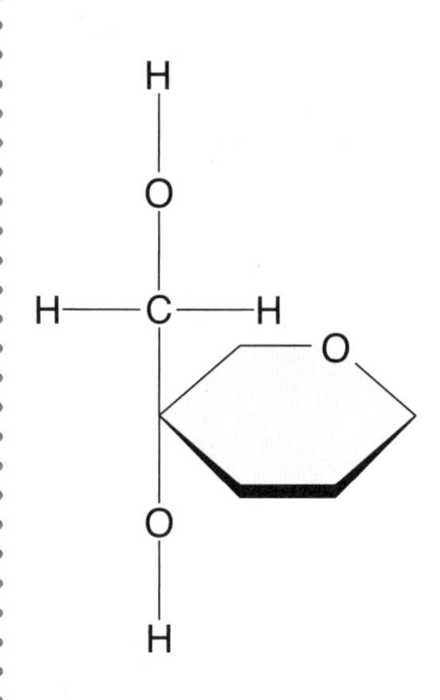

在很多由碳原子环或碳原子链组成的分子中，其他的原子附着在一个或多个碳原子上。

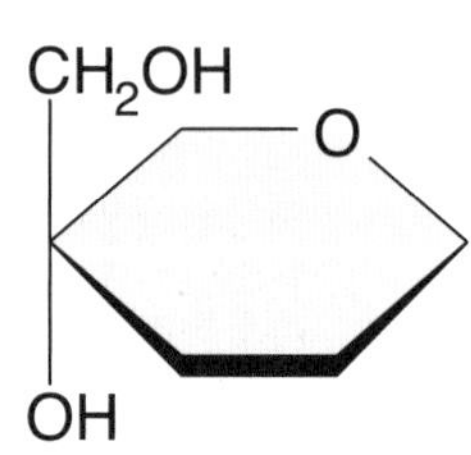

这幅图中的分子也与正上方图中的分子相同。为了简单起见，额外的碳原子、氢原子和氧原子之间键的排列没有显示。这是碳水化合物常见的表示方法。

单糖

单糖是最简单的碳水化合物，包括葡萄糖、果糖、半乳糖和一些其他糖类，比如核酸的组成成分核糖和脱氧核糖。葡萄糖有好几个别名，它也被叫作右旋糖，是生物学中一种极为重要的分子。葡萄糖是为人体提供能量的主要碳水化合物。

葡萄糖、果糖和半乳糖的分子式相同，都是$C_6(H_2O)_6$，但它们并不是同一种分子，它们的原子排列方式不同。化学式相同、原子排列不同的化合物被称为同分异构体。

▲ 所有雌性哺乳动物都能分泌乳汁来哺育后代。奶水中含有乳糖，乳糖是一种由葡萄糖和半乳糖构成的二糖。

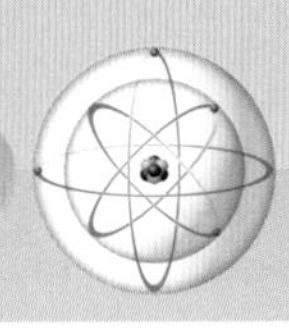

葡萄糖

果糖

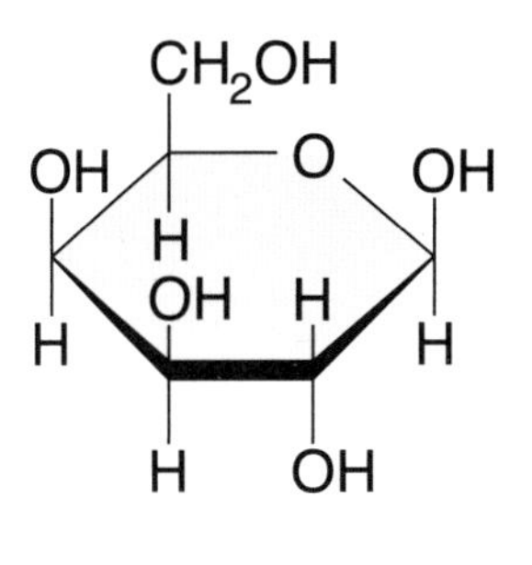

半乳糖

▲ 在葡萄糖、果糖和半乳糖中，碳原子与单个氧原子形成一个环。其中每个碳原子都以不同的排列方式与氢原子，碳原子和氧原子结合。

果糖是一种非常甜的糖，存在于食用糖、蜂蜜和水果中。半乳糖存在于乳汁中。果糖和半乳糖都是作为二糖的组成成分存在于这些物质中的。

二糖

连接二糖中两个单糖单元的键被称为糖苷键。一个单糖单元的氧与另一个单糖单元的—OH（或羟基）结合，通过一个氧原子连接，就形成了糖苷键。这个过程会释放一个水分子，因此被称为缩合反应。

白砂糖和甘蔗糖中的成分蔗糖（葡萄糖+果糖）和乳汁中的主要糖分乳糖（葡萄糖+半乳糖）都是重要的二糖。乳汁虽然不甜，但它含有糖。其实，自然界中的糖大多不甜。麦芽糖（葡萄糖+葡萄糖）也是二糖。固体的状态下，麦芽糖是一种白色结晶糖。麦芽糖有甜味，在发芽的种子中含量很高，在啤酒和威士忌生产中也有重要用途。

▼ 当两个葡萄糖分子结合形成麦芽糖时，会释放两个氢原子和一个氧原子，生成一个水分子。

葡萄糖

H_2O
水

葡萄糖

麦芽糖

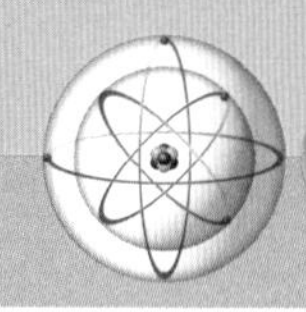

多糖

大多数碳水化合物是多糖，是由单糖通过糖苷键连接形成的长链。淀粉、糖原和纤维素是3种常见的多糖。

碳水化合物作为物质成分通常可以被细胞消化，但纤维素多糖除外，至少人类细胞不能消化纤维素多糖。纤维素是地球上极为丰富的有机分子之一，是植物细胞壁的结构成分。纤维素可以形成强韧的纤维，这些纤维增加了植物细胞的强度并起到保护作用。

纤维素是由葡萄糖组成的未分支的长链分子。一个纤维素多糖通常由几千个葡萄糖分子组成。（直）纤维素中的葡萄糖具有 β 构型。淀粉中的葡萄糖具有 α 构型。二者的不同之处在于连接相邻葡萄糖环的氧原子位置不同。

要消化纤维素，需要一种被称为酶的生物分子来破坏连接葡萄糖分子的键。这种特殊的酶被称为纤维素酶。人类无法消

▼ 在纤维素中，葡萄糖分子通过β-糖苷键连接成链。这种糖苷键连接着一个单糖单元的第一个碳原子和另一个单糖单元的第四个碳原子。

β-糖苷键

葡萄糖分子（一种单糖单元）

▼ 牛主要以植物为食，植物中含有大量纤维素。但一些食草动物不能像牛一样消化纤维素。

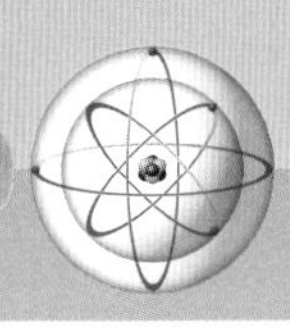

▲ 淀粉中的α-糖苷键连接着葡萄糖分子长链。与纤维素一样，这种键连接相邻单糖单元的第一个碳原子和第四个碳原子。但与纤维素不同的是，淀粉很容易被人体消化。

化纤维素，因为人体的消化系统中不存在纤维素酶。但是白蚁、牛和其他一些动物的消化道中生存着一些微生物，它们体内有纤维素酶。在这些微生物的帮助下，这些动物可以食用纤维素，因为它们的消化系统可以把纤维素分解成葡萄糖。虽然人类不能消化纤维素，无法从中获得能量，但纤维素也是我们饮食的重要组成部分，可以帮助我们的消化系统运输废物。

试一试

家庭淀粉试验

你可以用下面这个简单的方法来检验食物中是否含有淀粉。

1. 细细地磨碎一小块蔬菜（比如马铃薯）。小心别伤到手指！

2. 将1汤匙磨碎的样品放入1/4杯冷水中搅拌。

3. 把液体过滤到空杯子中。

4. 向液体中加入几滴碘溶液。如果碘变成蓝黑色，则说明有淀粉存在。

▶ 马铃薯利用细胞中的这些淀粉颗粒来储存能量。

关键词

- **缩合反应：**两个或两个以上的有机分子相互作用后，以共价键结合成一个大分子，并常伴有失去小分子（如水、氯化氢、醇等）的过程。
- **二糖：**由2个单糖分子通过糖苷键连接而成的寡糖。
- **糖苷键：**一个单糖或糖链还原端半缩醛上的羟基与另一个分子（如醇、糖、嘌呤或嘧啶）的羟基、氨基或巯基之间缩合形成的缩醛键或缩酮键。
- **单糖：**不能水解成更小分子的最简单的糖类分子。
- **多糖：**由10个以上单糖通过糖苷键连接而成的线性或分支的糖聚合物。
- **糖：**有多个羟基和醛类或酮类的有机化合物。

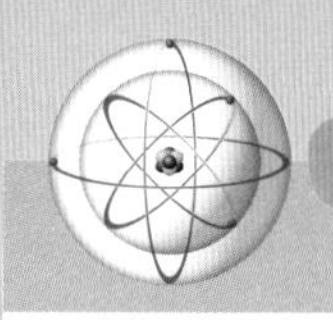

淀粉

植物主要以淀粉（一种多糖）的形式储存能量，以备将来使用。这种多糖是由数百个葡萄糖分子组成的长链，类似于纤维素。不过，淀粉中连接葡萄糖分子的糖苷键与纤维素中糖苷键的排列方式不同。

就植物而言，淀粉的一个重要特性是它不溶于水。虽然淀粉在植物细胞中占据一定空间，但它不会导致细胞吸收水分，因而不会破坏植物体内精妙的水分平衡。

植物储存淀粉作为日后的能量来源，但在多数情况下，植物被人类食用，而淀粉最终进入了人类的胃。人类可以消化淀粉，是因为体内有可以分解糖苷键的酶，

化学在行动

牛奶的消化

乳糖在被分解成单糖成分，即葡萄糖和半乳糖之前，无法被人体利用。一种被称为乳糖酶的蛋白酶可以催化（加速）糖苷键的断裂。有些成年人缺乏这种酶，所以无法分解乳糖。这种症状被称为乳糖不耐症。患有这种疾病的人不能喝太多牛奶，因为乳糖留在消化道中，会引起腹泻和不适。

▶ 糖原由分支的葡萄糖长链组成。该图只显示了一个分支。一个糖原分子含有1万到12万个葡萄糖单元。分支位于相连单糖单元的第一个碳原子和第六个碳原子之间。

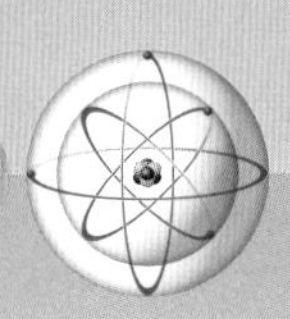

工具和技术

顺时针或逆时针

有些同分异构体（指化学式相同，但原子排列不同的分子）互为镜像。这类分子被称为手性分子，它们除了左右排列相反以外，其他结构完全相同。许多碳水化合物（比如葡萄糖）都是手性分子。手性分子虽然形态不同，但通常具有相同的属性。手性分子可以通过原子排列来区分，因为它们会使偏振光向不同的方向旋转。如果某个同分异构体使偏振光顺时针旋转，可以用（+）来表示，如果它使偏振光逆时针旋转，则可以用（－）来表示。偏振光的旋转角度可以用偏振计测量。生物体内的葡萄糖异构体使偏振光顺时针旋转，因此被标记为（+）。但是，生物体内果糖的同分异构体使偏振光逆时针旋转，因此被标记为（－）。

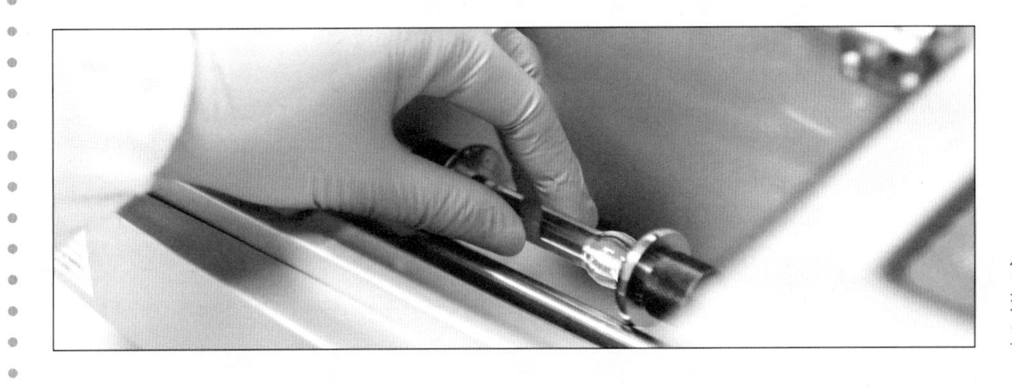

◀ 使用偏振计可以揭示偏振光通过果糖溶液后的效果。图中，一位化验员正把材料放入偏振计中。

即淀粉酶。淀粉酶通过水解起作用，水解的意思是“用水分解”。水解反应添加了缩合反应成键时失去的一个水分子。新添加的水分子破坏了糖苷键。

糖原

植物将葡萄糖储存为淀粉，然后按需利用。动物也储存葡萄糖，但是它们不制造淀粉，而是将葡萄糖转化为一种被称为糖原的多糖。糖原储存在肝脏和肌肉细胞中。葡萄糖是能量的来源，人体必须维持充足的血糖水平来滋养细胞。当在两餐之间，葡萄糖水平下降时，肝脏就会将糖原转化为葡萄糖。肌肉细胞需要大量能量，糖原会根据需要随时为肌肉提供额外的食物。

2 脂 质

脂质是油状或蜡状物质，包括脂肪和油类。脂质具有多种结构，并在生物体内发挥多种不同的功能。它们是人体最重要的能量来源。

我们都知道油与水不相溶，这可以从化学的角度来解释：水是极性分子。水分子含有两个氢原子和一个氧原子，通过共价键相连，其中各原子共用电子。但是，氧原子和氢原子之间的电荷分布不均匀，电荷更容易被氧原子吸引，而离氢原子较远。这使得分子的氢端带正电，氧端带负电，就像磁铁的南北两极一样。水是很好的溶剂，可以溶解多种物质，因为极性水分子吸引其他带电分子并把它们分开。但脂质不溶于水，只溶于非极性溶剂。

非极性溶剂

非极性溶剂是由原子间平均共用电子的分子组成的。由于电子均匀分布，所以没有两极（带有多余正电荷或负电荷的区域）。典型的非极性溶剂有苯和乙醚。

蜜蜂会分泌一种蜡质（蜂蜡）用来修建蜂巢。蜂蜡是不溶于水的硬脂质。

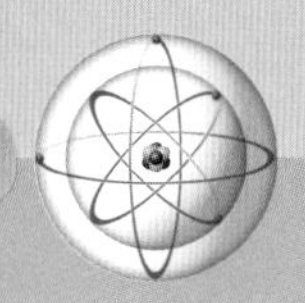

非极性物质溶解于非极性溶剂是一般规律。很多脂质都是非极性的，并且所有脂质的结构中都包含非极性区域。不过，有些脂质也有对其功能和行为至关重要的极性区域。

脂肪酸

脂肪酸是脂质，有一条由12～24个碳原子组成的碳链，还有一个羧基附着在这条链上。羧基由碳、氧和氢原子组成，其化学式为—COOH。在饱和脂肪酸中，所有的碳原子都通过单键相连。一个不饱和脂肪酸分子中有一个或多个碳碳双键。形成双键意味着与碳链结合的氢原子数量较少。饱和脂肪酸没有碳碳双键，碳链上的氢原子饱和（数量达到最大值）。一些最常见的脂肪酸的碳链含有16（比如棕榈酸）或18个碳原子（比如油酸）。所有天然脂肪酸碳链中的碳原子数都为偶数。

▶ 脂肪酸是由碳原子和氢原子组成的长链，它的一端有一个羧基。棕榈酸等饱和脂肪酸只有碳碳单键，形成的是直链。含有一个或多个碳碳双键的脂肪酸被称为不饱和脂肪酸，它们的碳链发生扭折。

OH
C=O
CH_2
CH_2
CH_2
CH_2
CH_2
CH_2
CH_2
CH_2
CH_2
CH_2
CH_2
CH_2
CH_2
CH_2
CH_3
棕榈酸

OH
C=O
羧基
CH_2
CH_2
CH_2
CH_2
CH_2
单键
CH_2
CH_2
CH
双键
C
H
CH_2
CH_2—CH_2
CH_2—CH_2
CH_2—CH_2
CH_3
油酸

◀ 大多数食物都含有脂肪酸。比如，图中的这个汉堡，它的牛肉、奶酪和培根中都含有饱和脂肪，大量摄入对身体有害，因为它们转化后会形成阻塞血管的物质。

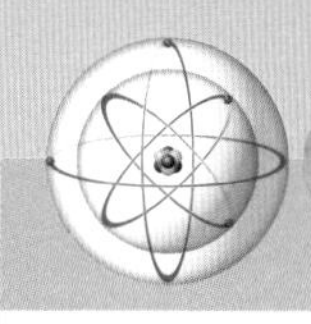

饱和脂肪酸的碳链是直的，因此它们可以整齐地堆叠在一起。由于堆叠得更加紧密，饱和脂肪酸在室温下一般呈固态。动物脂肪通常是饱和脂肪酸，因此呈固态。

不饱和脂肪酸中，碳分子之间的双键导致碳链发生弯折或扭折。这些弯折使不饱和脂肪酸无法紧密堆叠，因此它们在室温下通常呈油状。植物和许多鱼类的脂肪大多是不饱和的，因此呈油状。加氢反应可以将不饱和脂肪酸转化为饱和脂肪酸。加氢是指向脂肪酸中通入氢气，破坏碳碳双键并使碳链变直。利用这种方法，可以将液态的植物油转变成固体人造黄油。

试一试

检测食物中的脂肪

用下面这种简单的方法可以检测食物中是否存在脂肪。

1. 从牛皮纸袋上撕下一小块纸，将少量食物样品在纸上转圈摩擦。先试试食用油。

2. 在袋子上靠近测试样品的位置滴几滴水。

3. 将纸举到强光下。水点和测试点都应该是透明的。这是因为物质填补了纸纤维之间的空间，让光可以透过。

4. 等待一个小时左右，直到水渍变干，然后再次将纸对着光。水点应该不再透明了，因为水分已经蒸发了。如果测试点仍然比较透明，那么它就含有脂肪，因为脂肪不像水那样容易蒸发。

甘油三酯

虽然人类和其他动物会以糖原的形式储存一些能量，但大部分能量还是被保存在脂肪细胞中。脂肪细胞的主要成分是甘油三酯。甘油三酯是由三碳分子甘油与三个脂肪酸通过化学键结合而成的。这个化学键被称为酯键，分别连接甘油的羟基（—OH）和脂肪酸的羧基（—OH）。甘油三酯的三个脂肪酸可以相同，也可以相异。人类食物中的许多脂肪和油类都是甘

▼ 肉类含有大分子脂肪，这些脂肪被称为甘油三酯。被食用后，脂肪会储存在人体的脂肪细胞中，提供必要的能量。

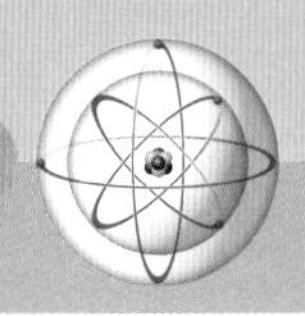

油三酯。例如，牛排和黄油都含有甘油三酯。

磷脂

甘油三酯是非极性分子，不溶于水。如果用一个带电的磷酸基团（—PO_4）取代甘油三酯中的一个脂肪酸，就得到了磷酸甘油酯。含有磷酸基团的脂质通常称为磷脂。磷脂分子具有一个电中性的非极性区（脂肪酸）和一个带电的极性区（磷酸基团）。磷酸基团的氧原子与甘油结合，有时与另一极性分子结合。

水中磷酸甘油酯的非极性脂肪酸“尾部”远离水分子，因为脂肪酸是疏水的。但它极性的“头部”（磷酸基团）是亲水的。水中的磷脂分子往往形成球体，因为非极性的尾部聚集在内部，远离水分子，而极性的头部形成球体的表面。这种性质对于形成膜结构十分有用。

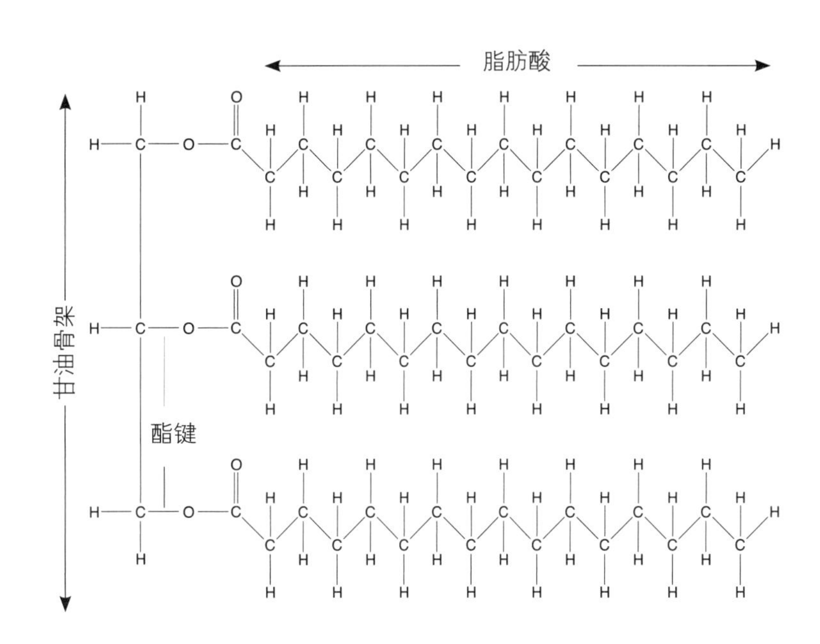

▲ 甘油三酯由三个脂肪酸组成，三个脂肪酸的一端通过甘油“骨架”连在一起。上图中的甘油三酯的三个脂肪酸都是相同的，但有些甘油三酯可以同时含有饱和脂肪酸和不饱和脂肪酸。

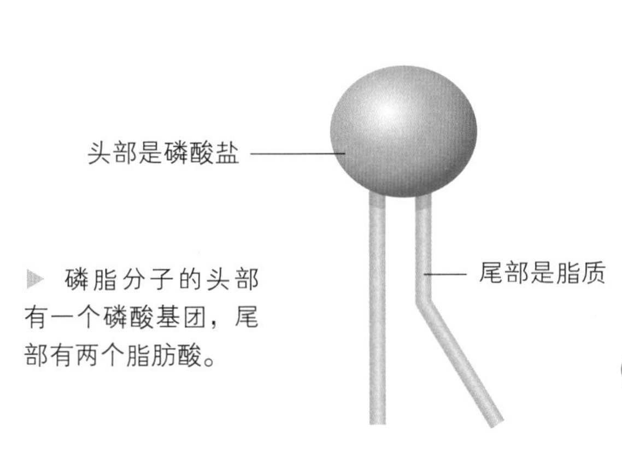

▶ 磷脂分子的头部有一个磷酸基团，尾部有两个脂肪酸。

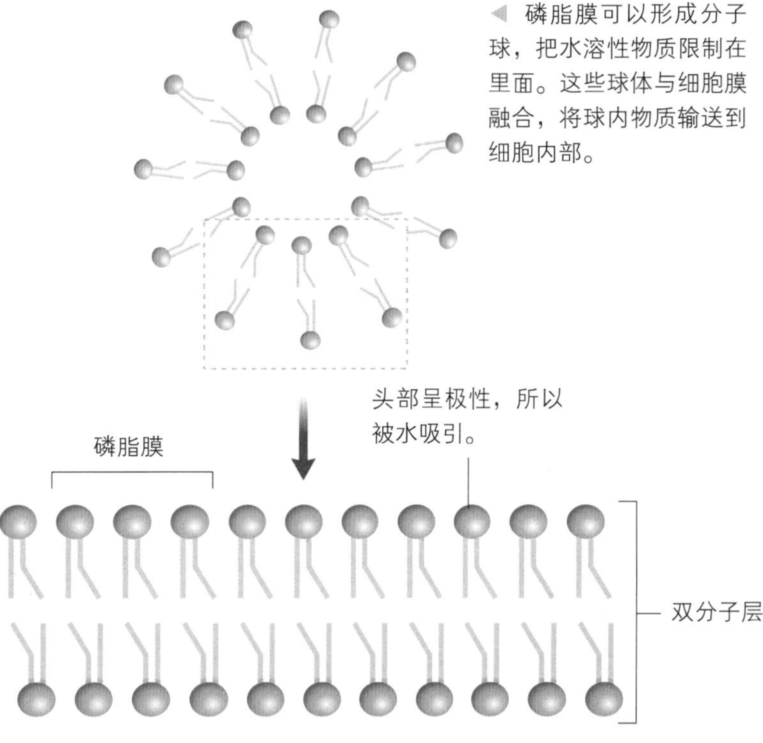

◀ 磷脂膜可以形成分子球，把水溶性物质限制在里面。这些球体与细胞膜融合，将球内物质输送到细胞内部。

▶ 磷脂可以通过自身排列（使头部朝向水，尾部远离水）形成一种被称为膜的屏障。

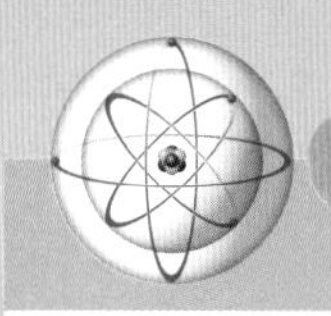

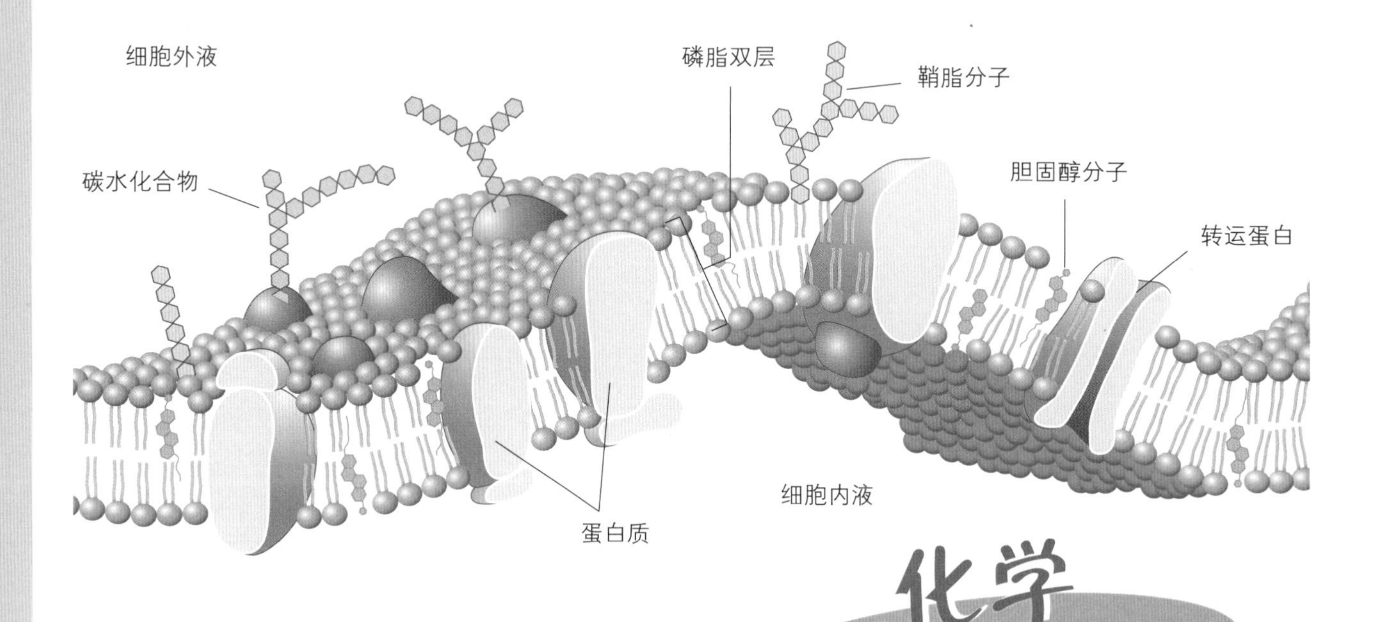

▲ 动物细胞膜由双层磷脂构成，称为双分子层。膜内还嵌有其他分子，比如蛋白质。这些分子协助使细胞需要的物质穿过细胞膜。它们还能将可能会伤害细胞的物质阻挡在外。

细胞膜

膜是薄薄的一层覆盖物。生物体的细胞需要膜来容纳其内容物，包括各种营养物质和分子以及细胞核等功能结构。膜起到屏障的作用，防止细胞内容物进入周围的细胞外液中。附在膜上或嵌入膜内的分子调节物质进出细胞。

细胞膜有两层磷脂，即磷脂双分子层。亲水的磷酸基团形成膜的内外表面，疏水的脂肪酸链构成细胞膜的中间部分。膜还含有蛋白质等嵌入磷脂双分子层的分子。膜不是刚性结构，因为磷脂和嵌入

化学在行动

脂质体

脂质体是由磷脂双分子层制成的球体，内部充满了水，类似于细胞膜。物理学家把药物和其他不能自行穿过细胞膜的分子放入脂质体内。当脂质体遇到细胞膜时，二者通常会结合或融合，脂质体的内容物就会进入到细胞内。通过这种方式，脂质体可以将药物携带到细胞内。

◀ 左图是一张高倍放大的脂质体图片。科学家可以在实验室中制造脂质体。脂质体除了将药物送入细胞外，也被用于化妆品行业，可以填补衰老皮肤上的皱纹。

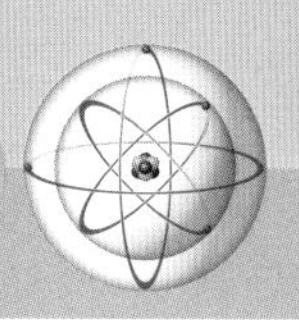

关键词

- **亲水：**对水有较大的亲和能力，可以吸引水分子，或易溶解于水。
- **疏水：**对水排斥的、不利于与水接触的性能特征。
- **营养物质：**能在动物体内消化吸收、供给能量、构成体质及调节生理机能的物质。
- **蛋白质：**不同氨基酸以肽键相连所组成的，具有一定空间结构的生物大分子物质。

▼ 许多叶子的外表面都有一层蜡状物质的保护层，这种物质被称为角质。角质由脂肪酸组成，帮助调节物质在叶子表面的跨膜流动。

的蛋白质可以从一点移动或流动到另一个点。这使膜具有流动性。

跨膜扩散

细胞膜的一项重要功能是控制并调节分子的跨膜流动。膜能阻挡很多物质通过，但是水分子很小，可以通过扩散过程轻松地穿过磷脂双分子层。扩散是分子随机运动直到均匀分布的能力。当水分子四处游荡时，它们会碰撞并穿过细胞膜。如果向一个方向移动的水分子比向另一个方向移动的水分子多，就会产生净水流。例如，如果从外部扩散到内部的水分子更多，细胞内的水就会增多。

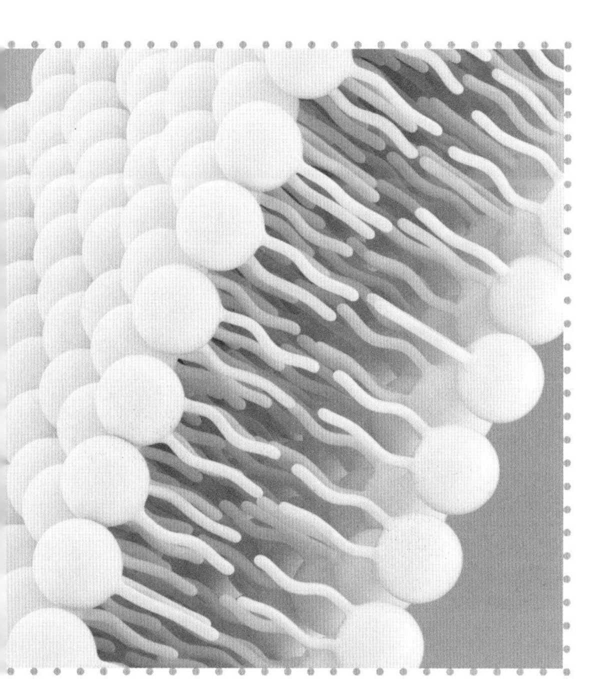

◀ 细胞膜。水可以通过细胞膜扩散，这一过程被称为渗透。

当浓度不同时，就会发生净流动。细胞内部和外部的液体含有各种溶解在水中的分子。细胞膜仅允许某些分子（例如水）通过细胞膜。这样的膜被称为半透膜。如果细胞膜一侧的溶液中水分子的数量比另一侧多，水就会穿过细胞膜扩散到

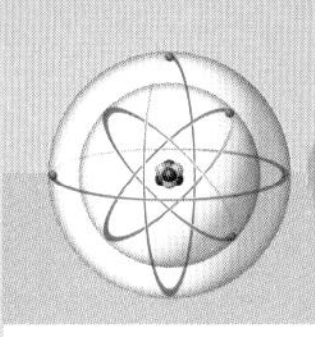

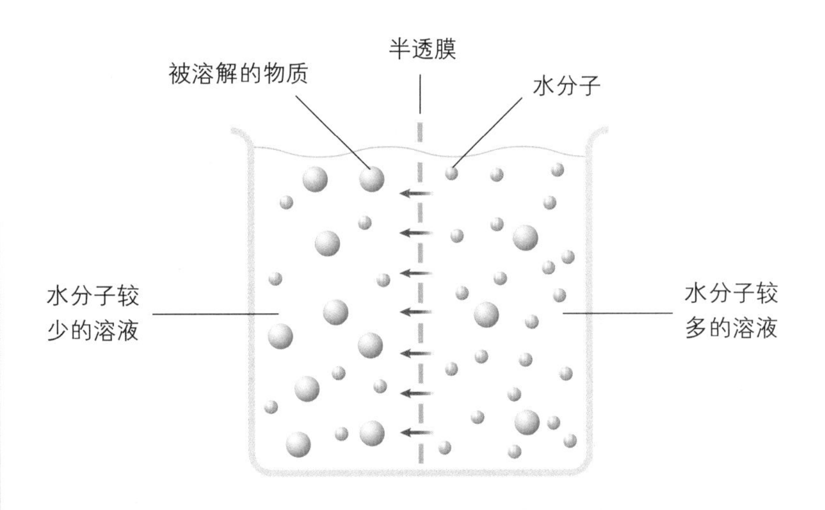

▲ 当水（黄色分子）从含有溶解物质的一种溶液移动到另一种溶液中时，就发生了渗透。这个过程发生在半透膜上。溶解物质的分子太大，无法穿过膜。

水分子少的一侧，直到两侧浓度相同为止。水在半透膜上的扩散被称为渗透作用。细胞需要维持其内部浓度与外部浓度相等，否则就会发生水的跨膜流动。水分流失会导致细胞收缩，而水分过剩则会导致细胞膨胀甚至破裂。这两种情况都会对细胞造成伤害。

跨膜运输

较大的极性分子和一些带电较多的分子需要帮助才能跨过细胞膜。在某些情况下，一种被称为转运蛋白的特殊嵌入蛋白质充当通道，使这些分子可以在特定时间跨过细胞膜扩散。像大多数扩散过程一样，这些分子从浓度高的地方向浓度低的地方移动。但有时细胞必须将分子从低浓度区转运到高浓度区，这与自然的扩散流动的方向相反。这个过程被称为主动运输，需要消耗能量。这部分能量来自各种代谢过程。

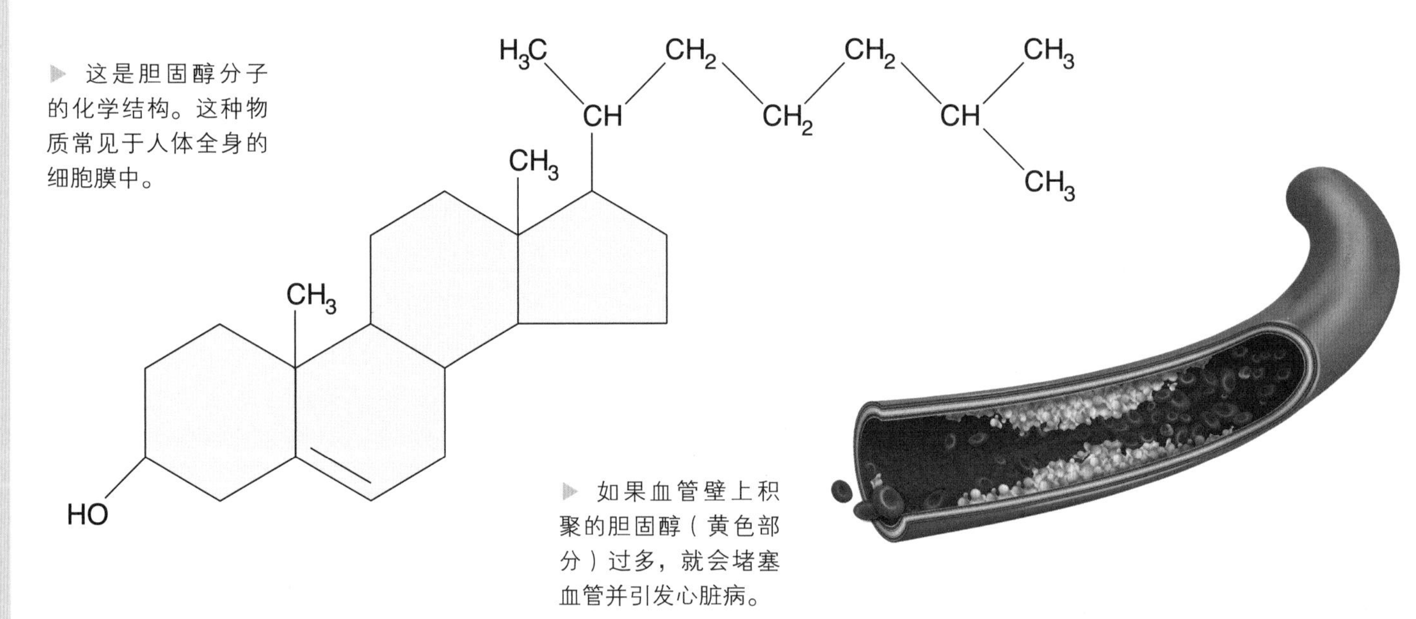

▶ 这是胆固醇分子的化学结构。这种物质常见于人体全身的细胞膜中。

▶ 如果血管壁上积聚的胆固醇（黄色部分）过多，就会堵塞血管并引发心脏病。

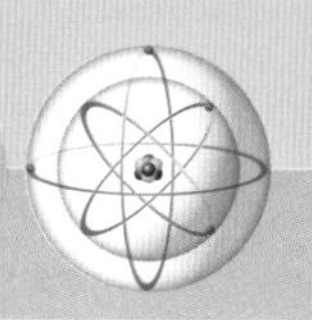

非甘油酯脂质

鞘脂是不含有甘油的磷脂。鞘脂的骨架是鞘氨醇（一种含氮醇）分子。这些脂质在体内具有多种功能。其中一项重要的功能就是帮助制造细胞膜内的脂质“筏”。这些“筏”可以作为膜蛋白的附着点，对于接收其他细胞发送的信息有重要作用。

类固醇

非极性分子可以轻松地穿过细胞膜，因为它们可以进入并穿过非极性双分子层。类固醇是一种脂质，因为很容易穿过细胞膜进入细胞内部，所以能够在很多情况下发挥功能。类固醇大多是激素，是一种在血液中流动，并在身体不同部位的细胞间传递信息的分子。类固醇的结构与甘油三酯和磷脂的结构完全不同；类固醇是由相互融合成网格状的碳环组成的。

类固醇激素是胆固醇的衍生物，胆固醇是一种重要的类固醇脂质。胆固醇存在于细胞膜中，也随血液流动，通常附着在复杂的脂质和蛋白质组合物上。肝脏可以制造胆固醇，但身体也从食物中获取胆固醇。胆固醇是人体的重要组成物质，但胆固醇过量会引发心脏病和胆结石等疾病。

近距离观察

类固醇的危害

合成代谢类固醇是可以帮助肌肉生长的人工激素。运动员有时会向体内注射大量的合成代谢类固醇，以达到增肌并提高比赛成绩的目的。这种做法很危险，可能会导致精神问题并造成严重的身体伤害。大多数体育比赛（例如奥运会）都会禁止使用这类物质。

▶ 运动员通过运动自然地锻炼肌肉。不过，有些人会通过服用人工合成的类固醇来加快这一过程。有些运动员因为服用类固醇被禁止参加比赛。

3 蛋白质与核酸

鸡蛋的蛋清（或蛋白）中蛋白质的含量相对较高，其中包括人体不能自行合成的九种必需氨基酸。

蛋白质与核酸是人体内最重要的分子。它们是皮肤、头发和肌肉的结构分子，对身体功能和细胞复制也至关重要。

生物化学分子通常较大而且复杂，但它们通常是由比较简单的单位组成的。例如，蛋白质是一串氨基酸。蛋白质这个词英文的意思是“最重要的”。有些蛋白质是酶，可以加快化学反应，使反应发生的速度足以维持生命。有些蛋白质（例如角蛋白）形成角或指甲等刚性结构。不管它们的功能如何，所有蛋白质都是由氨基酸序列组成的。

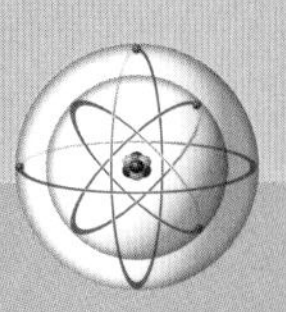

氨基酸

氨基酸之所以如此命名，是因为它们由两组原子团组成：氨基和羧酸。虽然氨基酸的种类有200多种，但大多数生物体内的蛋白质只由20种氨基酸构成。这20种氨基酸包括丙氨酸、精氨酸、天冬酰胺、天冬氨酸、半胱氨酸、谷氨酸、谷氨酰胺、甘氨酸、组氨酸、异亮氨酸、亮氨酸、赖氨酸、甲硫氨酸、苯丙氨酸、脯氨酸、丝氨酸、苏氨酸、色氨酸、酪氨酸和缬氨酸。组成不同蛋白质的氨基酸数量可能不同。较小的蛋白质被称为肽，由不到20个氨基酸组成。肌联蛋白是比较大的蛋白质之一，在肌肉收缩中起作用，它是一条由大约27 000个氨基酸组成的链。

近距离观察

什么是氨基酸？

一个氨基酸分子由一个中心（“α”）碳原子和四个附着物组成。

这四个附着物分别是：

1）一个氢原子。

2）一个羧基（—COOH）。[在水中，这个酸性基团通常会失去带正电的氢原子，变成羧酸根离子（$—COO^-$）]

3）一个氨基（$—NH_2$）（这个基团在水中通常会得到一个氢核，变成NH_3^+）。

4）一条侧链，通常被命名为R、R_1、R_2等。氨基酸彼此之间的区别就在于它们的侧链不同。例如，甘氨酸的侧链只有一个—H，而甲硫氨酸的侧链是$—CH_2—CH_2—S—CH_3$。

▶ 这头山羊的角和皮毛是由被称为角蛋白的坚硬蛋白质组成的。角蛋白的种类有很多，但无论在哪种角蛋白中，两种质量最小的氨基酸：甘氨酸和丙氨酸的占比都很高。

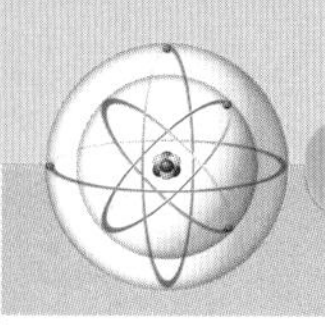

▲ 甘氨酸是最简单的氨基酸，它的侧链只有一个氢原子。大多数蛋白质只含有少量的甘氨酸。

肽

肽是由两个氨基酸结合而成的。共价键连接一个氨基酸的羧基和另一个氨基酸的氨基。蛋白质是由一系列肽组成的。缩合反应形成肽键，反应释放水。水分子中的OH来自一个氨基酸的羧基，H来自另一个氨基酸氨基。侧链不参与缩合反应。氨基酸主要含有碳（C）、氢（H）、氧（O）和氮（N）。（半胱氨酸和甲硫氨酸也含有硫）这些元素在生物化学中最重要，约占人体的95%。

致命蛋白质

蛇毒是数百种蛋白质的混合物。有些蛋白质是毒素（有毒），可以用于狩猎和防御。蛇用毒牙将毒液注入受害者的血液中。这些毒素会破坏人的肌肉、大脑、心脏或其他组织的活动，有时甚至会导致死亡。

◀ 蛇通过上颌的两颗长牙注射毒液。毒蛇（比如图中这条树蝰）的毒液会使受害者的血液凝结，阻塞动脉。

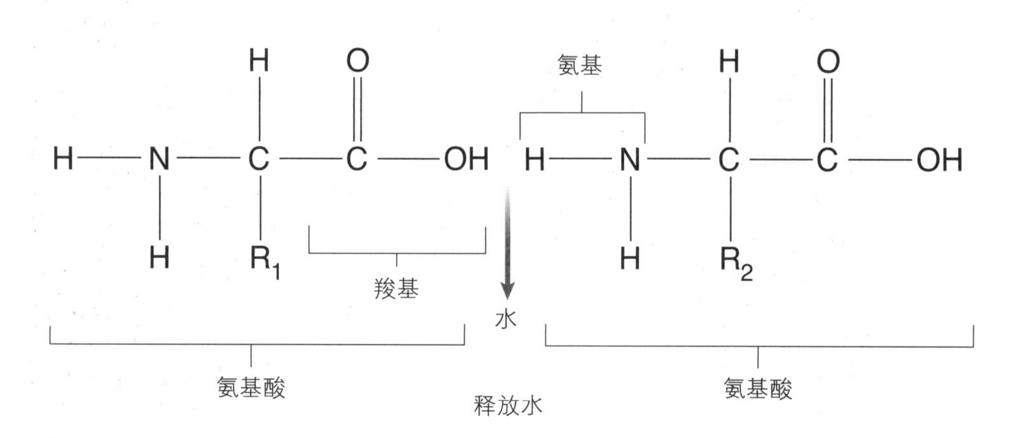

◀ 一个氨基酸的羧基与另一个氨基酸的氨基结合形成了肽。反应过程释放水。蛋白质由一系列肽组成。

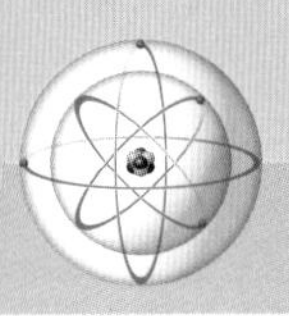

序列

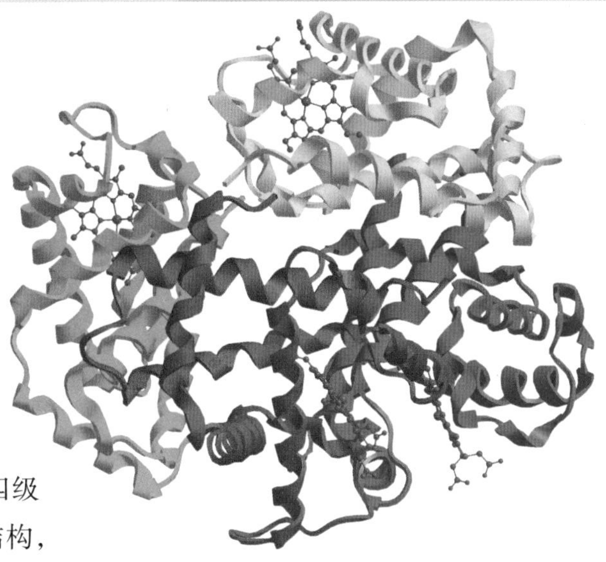

◀ 这幅图是电脑生成的血红蛋白图像。血红蛋白是人体血液中的一种蛋白质，对呼吸起到关键作用。它与氧气结合，将氧气从肺部运输到身体组织。它还将组织中的二氧化碳带回肺部。

蛋白质的结构对其功能至关重要。有些蛋白质是扁平的，有些则折叠成球状。不过，所有蛋白质都具有发挥功能必需的三维结构。该结构来自蛋白质的氨基酸序列。

蛋白质的结构分为四级，分别是一级结构、二级结构、三级结构和四级结构。氨基酸序列是蛋白质的一级结构，它决定着蛋白质的形状。氨基酸之间相互作用，形成弱氢键。这些键决定了并维持着蛋白质的形状，或者二级结构。氨基酸的位置（序列）决定了这些键发生的位置。这些键将蛋白质扭曲成螺旋状片段，比如 α 螺旋、平面或 β 折叠。

▶ α 螺旋是具有N-C-C骨架的右手螺旋。它是蛋白质中非常常见的一种二级结构。

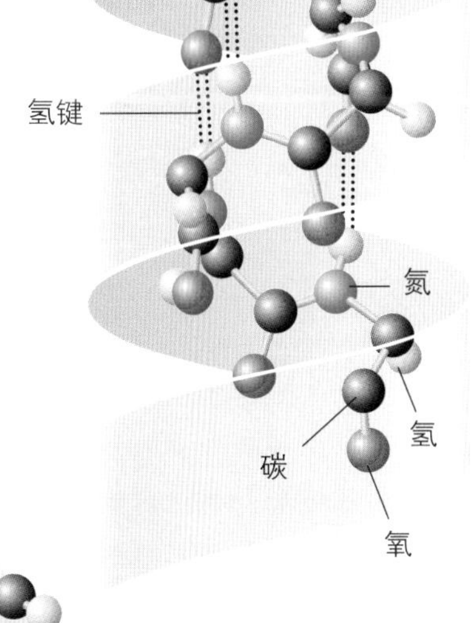

▼ β 折叠是另外一种常见的二级结构。β 折叠和 α 螺旋的形状都是由同一条链不同部分之间的氢键决定的。

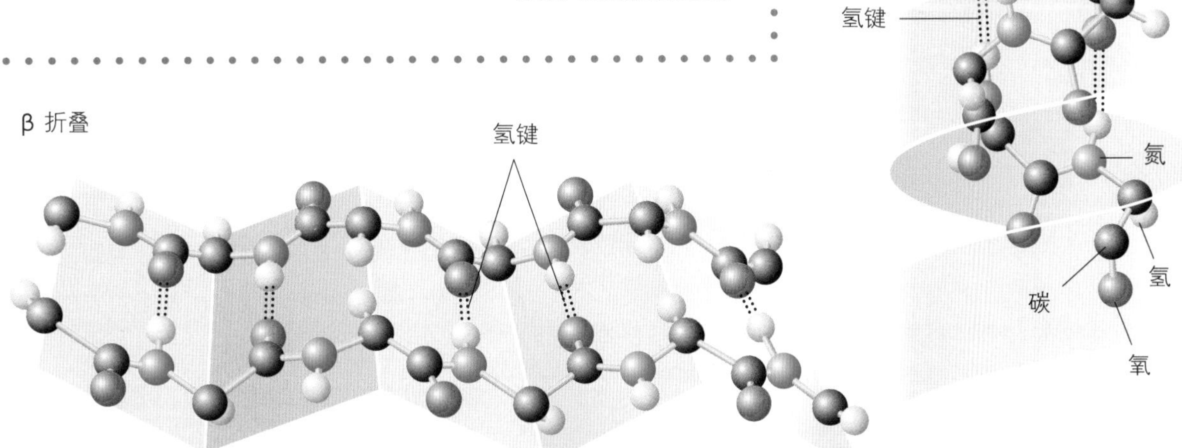

蛋白质的三级结构反映了α螺旋和β折叠构成蛋白质形状的方式。某些蛋白质的形状是由独立的氨基酸链修饰的，每条链都有自己的三级结构。这些氨基酸使蛋白质分子的形状再次发生改变，形成了最终的四级结构。

虽然蛋白质是大分子，但它们太小了，即使用功能强大的显微镜也看不到。科学家经常利用X线衍射分析来确定蛋白质的形状。X线是一种高频辐射，医生用它来给骨骼和其他身体部位成像。生物化学家用它来制作蛋白质的图像。

工具和技术

X线衍射分析

X线衍射分析需要一个X线源，一台X线检测器和待研究的蛋白质晶体。晶体中有许多呈规则几何形状排列的分子。有些蛋白质容易结晶，有些则不然，因此有些蛋白质的形状更容易确定。X线撞击晶体后发生散射，改变路径。原子的排列会影响这种散射。科学家可以通过研究X线散射的方式来确定蛋白质的形状。

功能

很多蛋白质可以溶解于水。这些蛋白质大多呈球状（类球状），具有各种不同的功能。以血红蛋白为例，它是哺乳动物血液中的一种蛋白质。血红蛋白的功能是携带氧气滋养身体的细胞。血红蛋白有四个亚基（单独的链）并含有四个铁原子，每个铁原子都能与氧气结合。

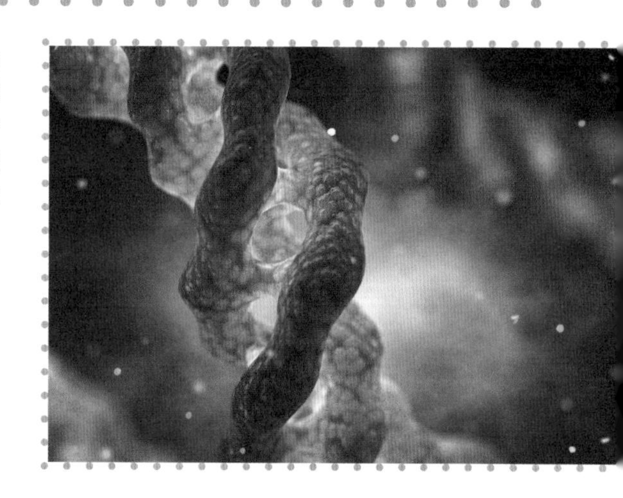

▶ 胶原蛋白是哺乳动物体内非常常见的蛋白质。胶原蛋白是骨骼和牙齿的重要组成成分。它还可以增加肌肤和血管的强度。

有些蛋白质不溶于水。这些蛋白质通常由长片状或纤维状结构组成。例如，胶原蛋白是一种常见的蛋白质；人体中大约三分之一的蛋白质都是胶原蛋白。胶原蛋白可以增加皮肤和其他组织的强度。胶原蛋白不溶于水的特性对其功能至关重要——我们的皮肤如果会在雨水中溶解，那就没什么用处了！

化学在行动

折叠蛋白质

蛋白质可以自我折叠，不过有时需要其他分子的帮助。然而，极端高温会破坏维持蛋白质形状的弱键。这些弱键被破坏后，蛋白质就无法发挥作用，我们称之为变性。这就是动物和人类不能在非常炎热的环境中生存的原因之一——他们的蛋白质会分解并停止发挥作用。

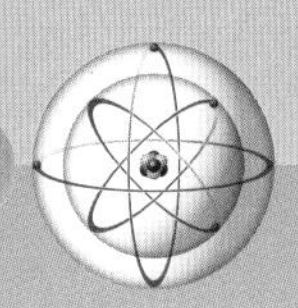

关键词

- **氨基酸：**碳原子连接氨基、羧基和特异侧链基团的一类脂肪族有机酸。
- **角蛋白：**主要存在于脊椎动物的皮肤、毛发和指甲等结构纤维中的一类硬蛋白。
- **核苷酸：**核苷中戊糖分子的C-5′原子上的羟基与一分子磷酸缩合脱水形成的磷酸酯。

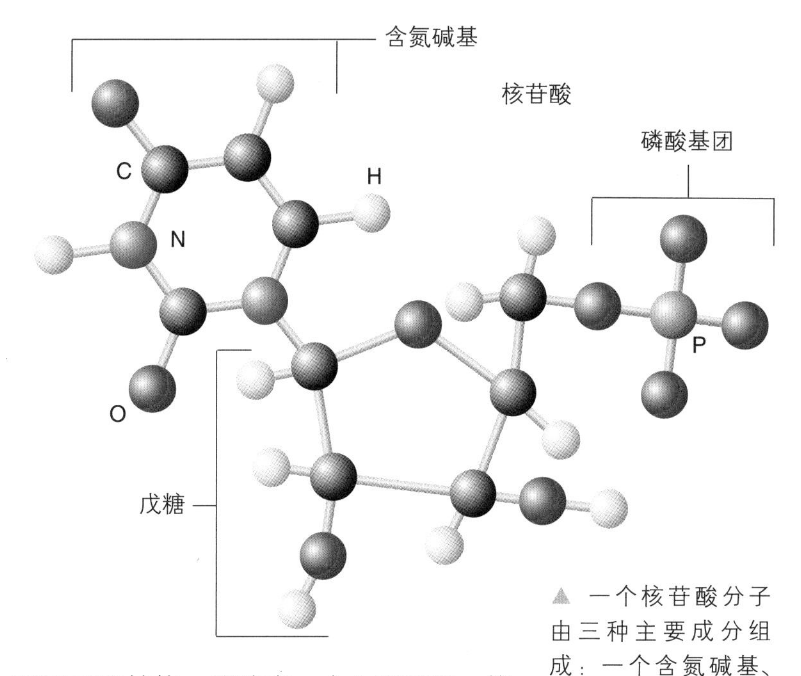

▲ 一个核苷酸分子由三种主要成分组成：一个含氮碱基、一个糖和一个磷酸基团（包含一个磷原子和四个氧原子）。

核酸

碳在生物化学中如此重要，是因为它能形成长链分子。蛋白质是一类重要的生物化学分子，另一类重要的生物化学分子是核酸。

核酸是一系列核苷酸分子通过化学键结合形成的。核苷酸由三种基本成分构成：一个磷酸基团（PO_4^{3-}）[由一个磷（P）原子和4个氧（O）原子组成]，一个戊糖[例如核糖（$C_5H_{10}O_5$）]和一个含氮碱基。这里的含氮碱基可以分为两类：嘌呤和嘧啶。嘌呤有一个与六原子环相连的五原子环结构，嘧啶有一个六原子环。核酸储存并传递着每个细胞发挥功能所必需的信息。核酸主要可以分为两类：核糖核酸（RNA）和脱氧核糖核酸（DNA）。

腺嘌呤　鸟嘌呤

嘌　呤

▲ 被称为嘌呤的含氮碱基是核苷酸的组成成分。嘌呤分为腺嘌呤和鸟嘌呤两种。

胸腺嘧啶　尿嘧啶　胞嘧啶

嘧　啶

◀ 嘧啶也是核苷酸的组成成分。

核糖核酸

RNA核苷酸中的糖是核糖（RNA名称的由来），RNA中的碱基可以是腺嘌呤（A）或鸟嘌呤（G），也可以是胞嘧啶（C）或尿嘧啶（U）。RNA分子通常是通过缩合反应连接起来的单链核苷酸。RNA结构最重要的一个方面是碱基序列。

核酸因其与细胞核的联系而得名。细胞核是细胞内储存遗传信息的结构。RNA不总是停留在细胞核内。RNA分子可以分为三类，分别是信使RNA（mRNA），将信息从细胞核传递到细胞中；核糖体RNA（rRNA），它位于细胞核外，利用mRNA制造新的蛋白质，转运RNA（tRNA）帮助翻译mRNA携带的信息。

◀ RNA携带的遗传信息控制着细胞功能和复制，因为它决定着合成的蛋白质的种类。RNA由核苷酸组成，核苷酸由磷酸盐和糖（形成分子的骨架）以及四种碱基中的一种组成。三个核苷酸为一组密码子。每组三联体密码（例如CUU）是合成不同氨基酸的编码。

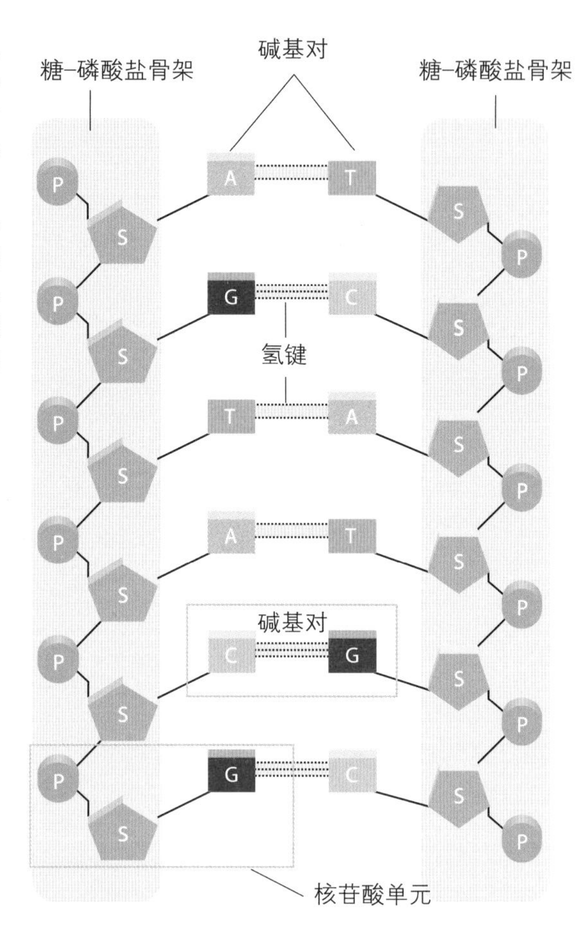

▶ DNA分子结构。两侧是糖-磷酸盐分子骨架。每个糖都与一个碱基相连。碱基可以是腺嘌呤（A），鸟嘌呤（G），胸腺嘧啶（T）或胞嘧啶（C）中的任意一种。每个碱基都通过氢键与另一侧的碱基相连。A总是与T相连，而G总是与C相连。

脱氧核糖核酸

DNA核苷酸中的糖是脱氧核糖，脱氧核糖只比核糖少一个氧原子。除了用胸腺嘧啶（T）代替了尿嘧啶以外，DNA中的其他碱基与RNA相同。DNA分子是由核苷酸长链构成的。

20世纪40年代，科学家发现细胞核中的DNA保存着遗传信息，但没有人知道DNA是如何保存遗传信息的。后来，詹

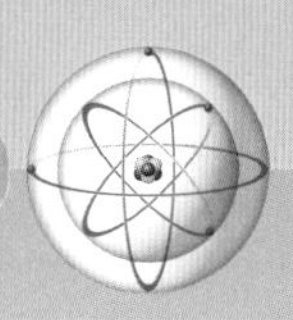

人物简介

沃森和克里克

1953年4月25日，詹姆斯·沃森和弗朗西斯·克里克（1916—2004）在《自然》杂志上发表了一篇短篇论文，描述了DNA的双螺旋结构。他们的工作是以莫里斯·威尔金斯（1916—2004）和罗莎琳德·富兰克林（1920—1958）的X线衍射技术为基础。沃森、克里克和威尔金斯共同获得了1962年的诺贝尔生理学或医学奖。（富兰克林去世较早，而诺贝尔奖只能颁发给当时还在世的科学家，因为奖项设立的目的就是激励仍在进行的研究。）

▶ 詹姆斯·沃森和弗朗西斯·克里克1953年制作的DNA双螺旋结构模型。

姆斯·沃森和弗朗西斯·克里克发现DNA的正常结构是双螺旋结构。两条DNA分子单链像螺旋梯子一样缠绕在一起。

双螺旋的形成是因为每条链上的碱基都形成了弱键。一条链上的嘧啶碱基与另一条链上的嘌呤碱基结合。双螺旋结构是一种稳定的分子结构，可以让DNA长期存在而不发生分解。

基因

DNA片段和DNA携带的碱基序列构成了基因。有些DNA序列是基因，而有些DNA序列则控制着获取基因信息的途径。每条DNA双链螺旋都围绕自身缠绕，在细胞核中形成一条染色体。如果将单个人体细胞中的DNA展开，其长度将达到6英尺（1.83米）。生物体有着不同数量的染色体——人类有23对染色体，老鼠有20对，黑猩猩有24对。每对染色体中有一条来自母亲，另外一条来自父亲。

近距离观察

打开分子双链

嘧啶碱基与嘌呤碱基形成氢键。由于双螺旋结构和核苷酸碱基的几何形状，C总是与G形成氢键，而A总是与T形成氢键。这些氢键“拉上了”双螺旋分子的双链。但是氢键不是共价（电子共享）键，很容易断裂。DNA分子“打开双链”的能力与拉上双链的能力一样重要。DNA必须解开双链才能将其遗传信息传递给RNA分子。

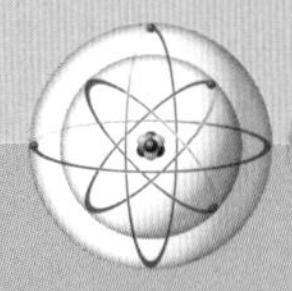

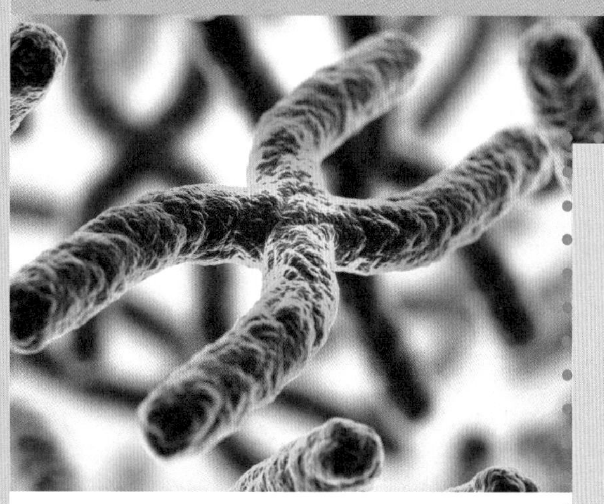

▲ 生物的遗传信息包含在被称为染色体的大分子中。人有23对染色体。

化学在行动

抓捕罪犯

DNA指纹分析是一项根据DNA识别个人身份的技术。法医专家以犯罪调查人员的身份从犯罪现场收集血液、皮肤和汗液等样本。为了找出罪犯，他们会对样本进行检测。如果在样本中发现了嫌疑人的DNA，就表明该嫌疑人曾出现在犯罪现场，指纹也是如此。

试一试

水果的DNA

材料：一大碗冰，甲基化酒精（药店有售），猕猴桃，刀和案板，量杯，厨房秤，食盐，量筒，洗洁精，水，一锅或一碗热水，过滤器和大勺子。

1. 将猕猴桃去皮切成小块，放入量杯中。

2. 量取0.1盎司（3克）盐，0.33液盎司（10毫升）洗洁精和3液盎司（100毫升）水使其混合，然后把它们放入量杯中，让混合物静置15分钟。

3. 将量杯放入盛有热水的平底锅中并停留15分钟。

4. 将量杯中的绿色液体通过厨房过滤器倒入玻璃杯中。

5. 小心地将冰冷的甲基化酒精倒在玻璃杯上的勺子背面，在绿色层的顶部形成一层相同厚度的紫色层。静置至少30分钟。

警告：甲基化酒精很危险，切勿食用！

6. 猕猴桃DNA就是出现在绿色和紫色液体层之间的白色层。你可以用金属丝圈或叉子把它捞起来。

▲ 猕猴桃的DNA是一层薄薄的白色层，介于下面的绿色液体与上面的紫色液体之间。

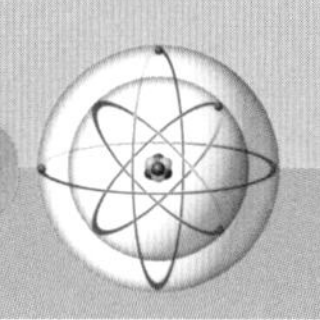

每一种（一类）动物和植物都有一套独特的基因，这些基因决定了它们细胞、组织和器官的结构和功能。但是很多基因的等位基因序列会略有不同。同一物种的每个个体都可能有一套不同的等位基因。遗传差异是种间和种内不同个体的外观和行为出现差异的主要原因。

近距离观察

显性基因

个体的每个基因都有两个副本（等位基因），分别位于一对染色体中的一条染色体上。二者的序列相同或者相异。当这两个副本不同时，其中一个通常会（不总是）占据主导地位，由该基因引起的性状将来自这个特定的序列。

进化

不同的等位基因决定了不同的特征。在某些情况下，一个等位基因可能具有优势，比如可以让动物移动的速度更快。然而，这个等位基因也可能需要动物去寻找更多的食物。对环境适应能力更强的动物更容易生存下来，将其基因序列传递下去，这个过程叫作自然选择，是进化的基础。

物种随着环境条件的变化而进化。个体生物的DNA会因为多种因素（包括突变在内）而出现变化。变异是DNA的偶然变化，与生物所处的环境无关。但它们可以让动物或植物更好地适应环境，这样它们的DNA传给下一代的概率就更大。突变的长时间积累会导致进化出新物种。繁殖使基因发生混合，导致出现更多的遗传变异，然后自然选择再从中选出“赢家”。

人类基因组计划

2003年，科学家实现了人类基因组计划的一个重大目标，即对所有人类基因（人类基因组）进行测序。从人体中提取了DNA样本后，科学家利用大型机器自动对遗传信息的30亿个碱基（分别缩写为C、G、A和T）进行测序。由于基因影响着许多特征，包括癌症和心脏病的易患性，人类基因组计划将为科学家和医生提供有关人类生物学的宝贵见解。

▼ 所有的狗都属于同一物种，但是没有哪两条狗是完全一样的。它们在体型大小和皮毛颜色上的差异反映了DNA的个体差异。

4 代谢途径

新陈代谢是指生物细胞内发生的许多化学反应引起的变化。许多反应都遵循一系列步骤，这些步骤被称为代谢途径。

新陈代谢引起的非常重要的变化之一是将食物转化为能量。奔跑和跳跃都需要能量，甚至阅读和思考等非常温和的活动也需要消耗能量。细胞当然需要能量来支持各种活动。这些能量来源于食物，而食物只有在被

无论是打网球还是从事任何活动，我们的身体都需要能量。这些能量是由我们吃进去的食物分解或消化后发生的化学反应产生的。所有这些反应的总和被称为身体的新陈代谢。

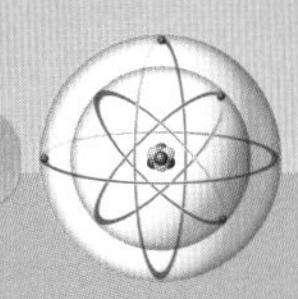

分解之后才能被人体利用。

能量

能量总是守恒的（不会消失），但它可以转化为其他形式的能量。势能是储存的能量，而动能和热能是运动的能量。将势能转化为热能和动能的化学反应是放热反应。吸热反应恰好相反。消耗能量的反应通常是指将势能转化为动能的反应。

放热反应很容易发生，一旦开始，大多不需要任何外界帮助即可继续进行。这与扩散过程类似，分子自发地从高浓度向低浓度移动时就发生了扩散。汽油在有氧气存在的条件下，燃烧就是放热反应。

吸热反应通常需要“输入”热能或动能才能开始。这些反应将热能或动能转化为势能，将能量储存在反应产生的化学物质和化学键中。将两个氨（NH_3）分子转化为一分子N_2和三分子H_2的反应就是吸热反应。

细胞中的有些反应放热，有些反应吸热。细胞管理能量“预算”的方式是利用中间体——一种由放热反应产生并被吸热反应消耗的分子。这种充当中间体的分子叫作三磷酸腺苷（ATP）。

细胞利用能量的方式有很多种。下面是几个例子：

1. 主动运输——逆着扩散自然流动的方向跨膜运输物质。
2. 肌肉收缩。
3. 脑细胞处理信息（大脑贪婪地消耗能量——它的重量只占身体重量的2%，却消耗了身体20%的能量）。
4. 合成和维持DNA等重要分子。
5. 修复组织。

▼ 赛车快速行驶的能量来自发动机中进行的放热反应（汽油在空气中燃烧）。

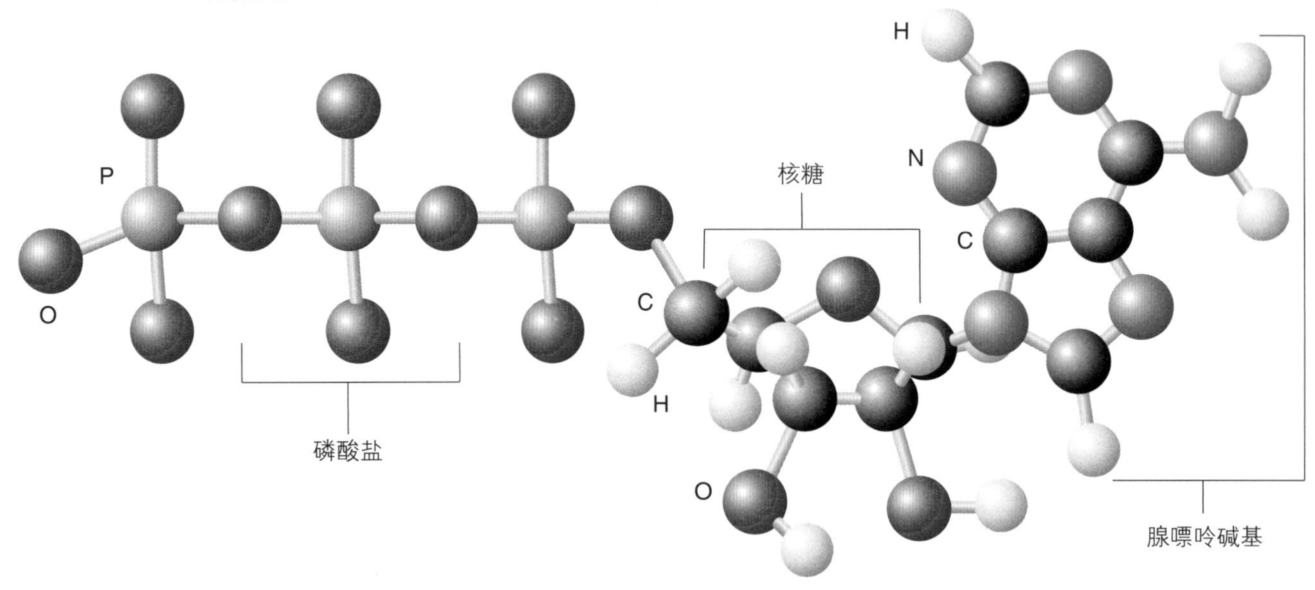

▲ 一个三磷酸腺苷分子由三个磷酸盐、一个核糖和一个腺嘌呤核苷酸组成。

三磷酸腺苷

三磷酸腺苷（ATP）由腺嘌呤核苷酸、核糖和一条含有三个磷酸盐的链组成。细胞必须保持充足的分子ATP才能生存。细胞通过向二磷酸腺苷（ADP）添加一个磷酸基团来生成ATP。这个反应被称为磷酸化作用。

ATP通常被认为是细胞的能量货币。ATP是能量交换的媒介，就像货币可以被用来交换商品和服务一样。ATP分子末端连接磷酸基团的键含有势能。每当需要吸热反应时，ATP分子就会参与其中。ATP分子被分解后，储存在键中的势能被释放。

当需要生化反应产物的时候，人体可以在ATP的帮助下发生生化反应。但反应提供的能量还不足以维持生命。细胞的化学反应还必须以要求的速度进行。因此，细胞需要酶来催化（加速）反应，控制反应生成产物的速率。

酶

大多数的酶都是球形的水溶性蛋白质，它们漂荡在细胞周围或附着在细胞的某些部位。酶参与反应，使反应进行得更快，但酶本身不会在反应中发生变化。酶可以多次参与反应，其化学性质始终保持不变。

通常一种酶只能催化一种特定的反应。酶的这种特征被称为特异性。酶与底物（底物是反应中发生变化的反应物之一）结合，把它固定在合适的位置。酶通常会以它们催化的反应或与它们结合的反应物命名。例如，乳糖酶催化牛奶中的乳糖分解。

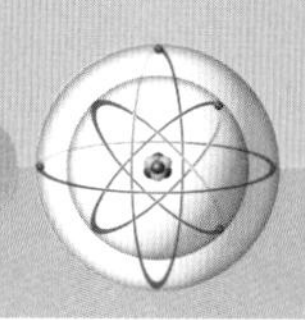

酶与底物结合的区域被称为活性部位。这种结合是暂时的，反应结束后酶会释放底物。底物紧密地嵌入活性部位，就像一把钥匙插入一把锁中，这也是酶具有特异性的原因。酶将反应物固定，反应进行得很快。在没有酶的情况下，反应也可以发生，但速度会很缓慢，因为反应只有依靠反应物的偶然碰撞才能发生。

试一试

酶与苹果

成熟的苹果含有酶，其中有一种酶叫作多酚氧化酶。这种酶催化苹果中某些化合物与氧气的反应。该反应的深色产物使苹果变成棕色。与所有的反应（包括酶催化的反应）一样，温度会影响反应发生的速率。

1. 将一个苹果对半切开，一半放入冰箱，另一半直接裸露在室温下。

2. 每隔20分钟观察一次苹果，连续观察2小时。观察苹果的颜色变化，注意两种不同条件下的反应速度。

▶ 乳糖酶常被用来制作冰激凌，使冰激凌更甜，质地也更加柔滑。如果不用乳糖酶，冰激凌的口感会很“粗糙”。

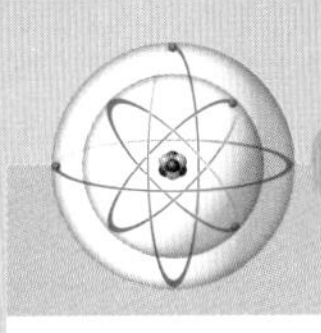

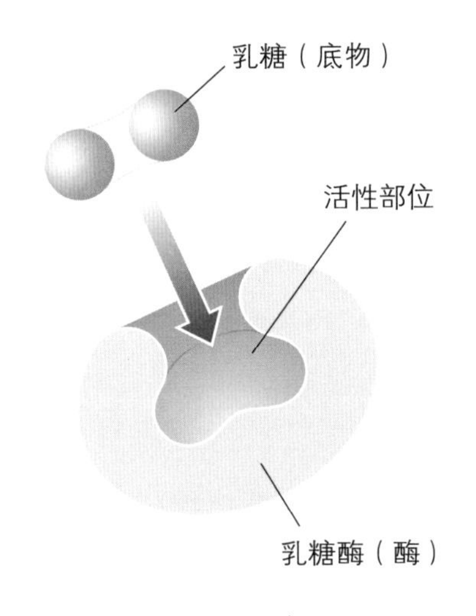

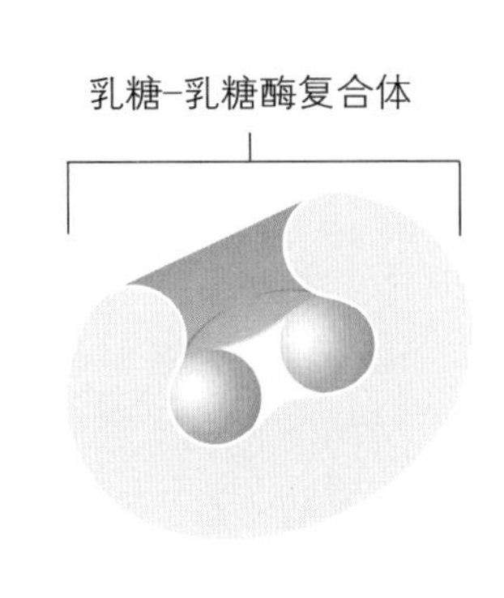

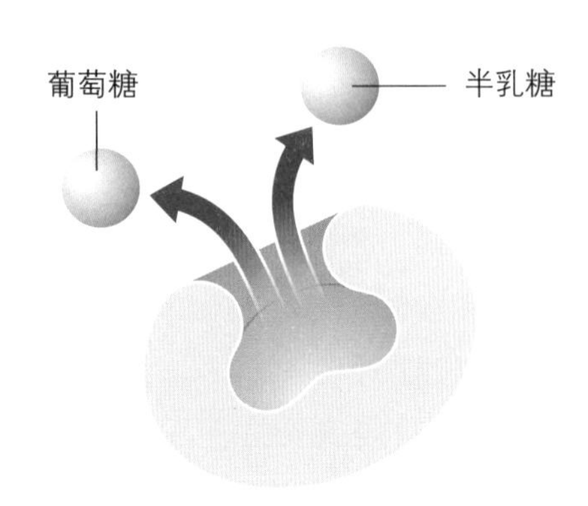

▲ 在制作冰激凌的过程中使用乳糖酶，可以使冰激凌的口感更好。乳糖酶与乳糖底物结合反应会产生更甜的葡萄糖和半乳糖。

温度会影响反应速度，因为较高的温度会使分子（包括酶）运动速度加快。运动的速度越快，酶每秒结合的分子就越多。

化学在行动

通过低碳方式减肥

有些人试图通过避免食用高碳水化合物的食物来减轻体重。这种饮食会迫使身体利用储存的能量，包括存储的脂肪。但是，碳水化合物的种类很多，身体需要某些复合碳水化合物并不是为了储存能量。更好的减肥方法是避免食用糖果和甜食，因为它们含有大量的单糖。这些糖是身体运转的燃料，但过量的燃料只会被存储为脂肪。

碳水化合物的分解代谢

酶会加速体内的各种反应。碳水化合物分解代谢是其中最重要的一种。这个过程通过产生ATP分子来提供能量。脂肪和蛋白质也能提供能量，但碳水化合物更容易被身体消化。饭后，消化系统会破坏多糖的键，把它们转化为葡萄糖或果糖分子，然后开始制造ATP。

糖酵解

糖酵解是碳水化合物分解代谢的第一个途径。这一系列九个不同的反应，将一个六碳葡萄糖分子分解成两个三碳的丙酮酸分子。这个过程产生两分子ATP和两分子烟酰胺腺嘌呤二核苷酸（NADH）。NADH是另一种有效地将势能储存在其化学键中的生物分子。NADH分子在接下来的另一个途径中发挥重要作用。

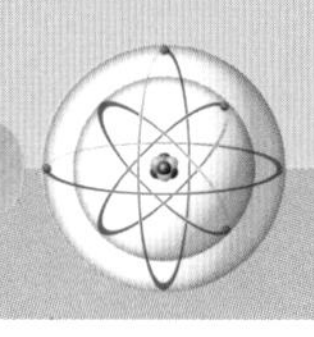

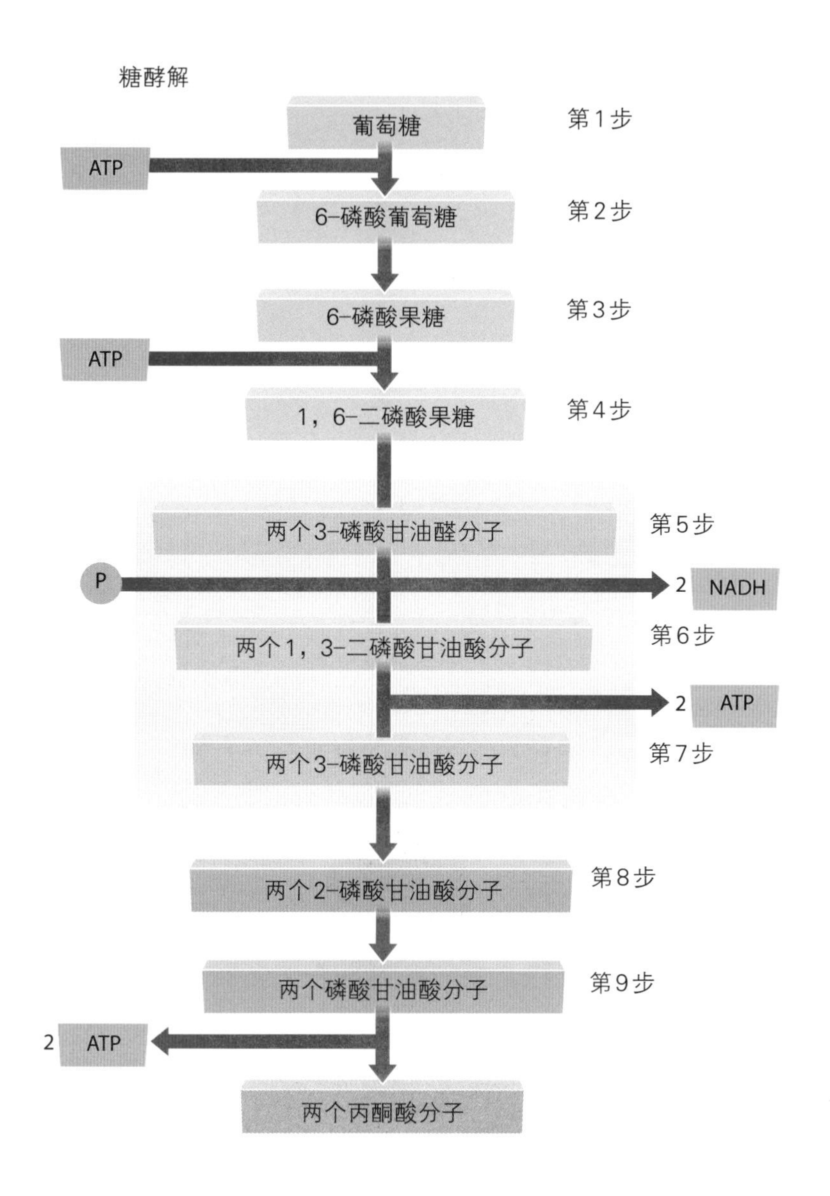

◀ 糖酵解包含一系列生物化学反应，在这个过程中葡萄糖被分解为丙酮酸，能量以三磷酸腺苷（ATP）分子的形式储存。必须先向葡萄糖注入能量才能启动糖酵解反应，在第三步还需要再次注入能量，这些能量被称为活化能，由ATP分子提供。然后，一系列反应依次发生。糖酵解的最终产物是丙酮酸和ATP。如果糖酵解反应开始时有一个葡萄糖分子和两个ATP分子，那么最终产物是两个丙酮酸分子和八个ATP分子。

糖酵解等途径包含许多相互关联的步骤，均由特定的酶催化。在这个过程中，一个反应的产物会成为下一个反应的反应物。这些步骤以一种缓慢、可控的方式提取葡萄糖分子的能量。而快速、突然发生的反应（比如猛烈的爆炸）会浪费大量的能量，这些能量最终会变成热能，使物体变得更热，但不会产生ATP。（碳水化合物分解代谢释放的一些能量确实能使身体变暖，帮助维持体温。）

糖酵解途径是生物很早就进化出来的分解代谢途径之一，早在数十亿年前，它就出现在生物体内，那时大气中的氧气含量并不多。（地球大气层后来获得的大部分氧气都是植物和某些细菌释放的）糖酵解是一个厌氧过程，它不需要氧气。然而，糖酵解只提取了葡萄糖分子中约2%的能量。这意味着还有大量的势能留在了糖酵解的产物（两个丙酮酸分子）中。

糖酵解剩余的能量通常不会被浪费。许多生物（包括人类在内）通过有氧途径从糖酵解产物中提取更多的能量。然而，细菌和酵母菌等某些简单的生物可以通过一种被称为发酵的厌氧过程提取更多的能量。例如，某些微生物从谷物或水果中提取能量，并产生二氧化碳和乙醇（酒精）。数千年来，这个过程一直被用来酿酒。我们运动的时候，肌肉细胞中也会发生发酵反应。

储存能量

我们吃进去的食物为我们提供了葡萄糖，是糖酵解的起点。我们的细胞一直需要能量，尤其是在剧烈活动的时候，

▶ 酿酒人利用发酵作用酿造啤酒。将酵母添加到麦芽、啤酒花和水的混合物中，通过发酵产生能量、二氧化碳和啤酒。

试一试

发酵产气

你可以从杂货店买些酵母，自己做发酵试验。实验材料包括饼干、酵母、温水和密封袋。

1. 将两三块饼干压碎，把碎块放在密封袋里。

2. 将1汤匙酵母和约1/4杯温水加入袋中，摇晃袋子使物质混合。

3. 挤出袋子中的空气并把袋子密封，然后将其放置在温暖的地方。

4. 半个小时过后，袋子应该会鼓起来了，产生的气体就是二氧化碳——发酵的产物之一。你也可以用糖、面粉或烤豆子或谷物来做这个实验，看看哪种物质产生的气体最多。

▼ 用不同的物质做实验，你会发现有些物质产生的气体比其他物质更多。这是因为这些物质的含糖量更高。

▶ 向装有碎饼干的袋子中加入温水和酵母。

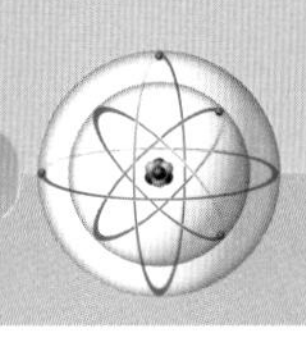

但我们不必一直进食。身体可以通过多种方法维持充足的葡萄糖水平。分解糖原也是提高葡萄糖水平的一种方法。糖原是一种能量储存分子，含有许多连接在一起的葡萄糖分子。另一种获得葡萄糖的方法是糖异生。这一途径通过分解乳酸分子产生葡萄糖，在长期未进食的情况下，身体会分解氨基酸或甘油来获得葡萄糖。糖异生发生在肝脏中，是由血液中葡萄糖水平下降引起的。

线粒体

人和动物体内的大多数细胞都能通过有氧途径，从糖酵解产物中获取更多能量。这些反应发生在细胞内的线粒体结构中。线粒体有内膜和外膜，形状为管状或柱状。科学家认为线粒体曾经是独立生存

▼ 细胞内产生能量的过程被称为细胞呼吸。它发生在细胞的线粒体内。线粒体被两层膜包裹，通常呈香肠状。当一个丙酮酸分子进入线粒体后，基质中会发生一系列反应。这些反应产生ATP。

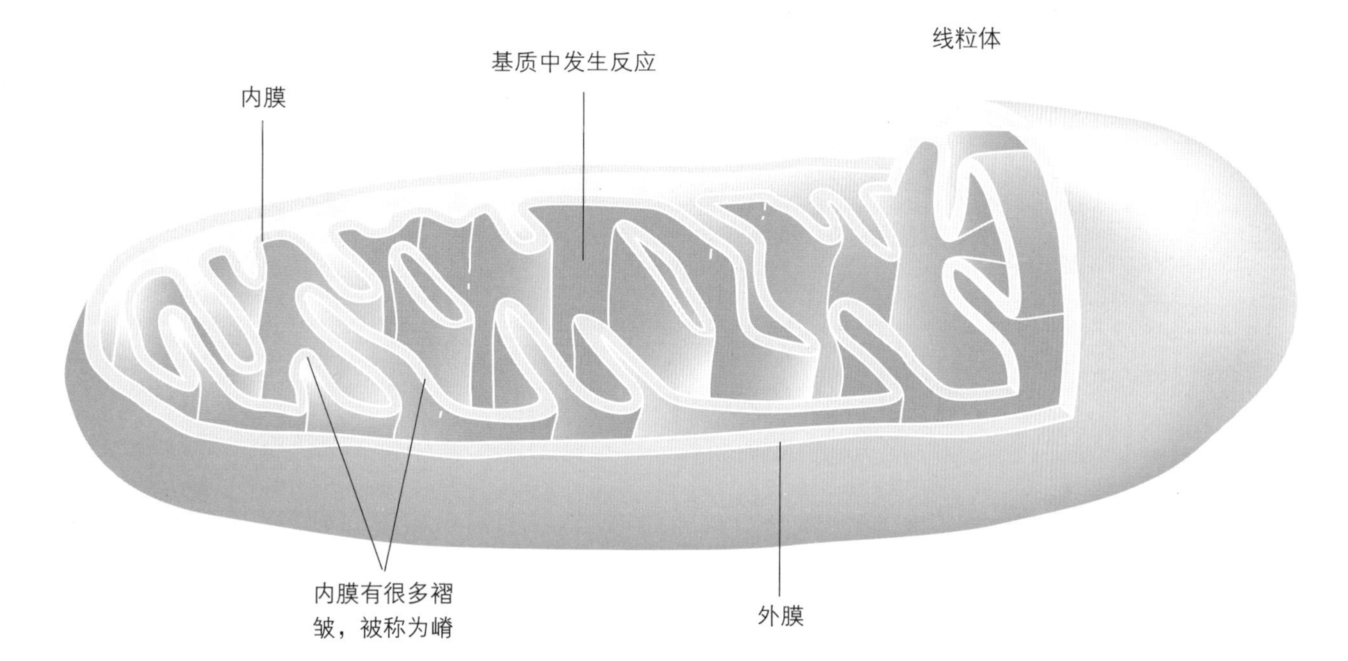

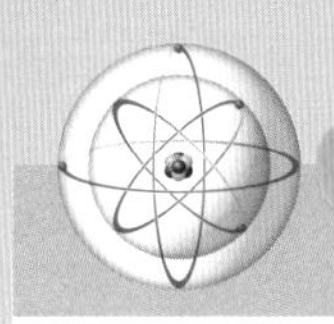

工具和技术

超倍放大

线粒体的详细结构太小，用光学显微镜观察不到。因此，科学家们使用了电子显微镜。电子显微镜将电子射向目标（例如线粒体等细胞结构）。电子虽然是粒子，但它们也具有类似于光的波状特性。电子显微镜通过检测电子穿过物体薄片或从较厚的薄片反弹时形成的图案生成物体的图像。

▼ 这台电子显微镜可以通过发射电子束来生成线粒体细微结构的图像。它通常将图像放大到50 000倍。

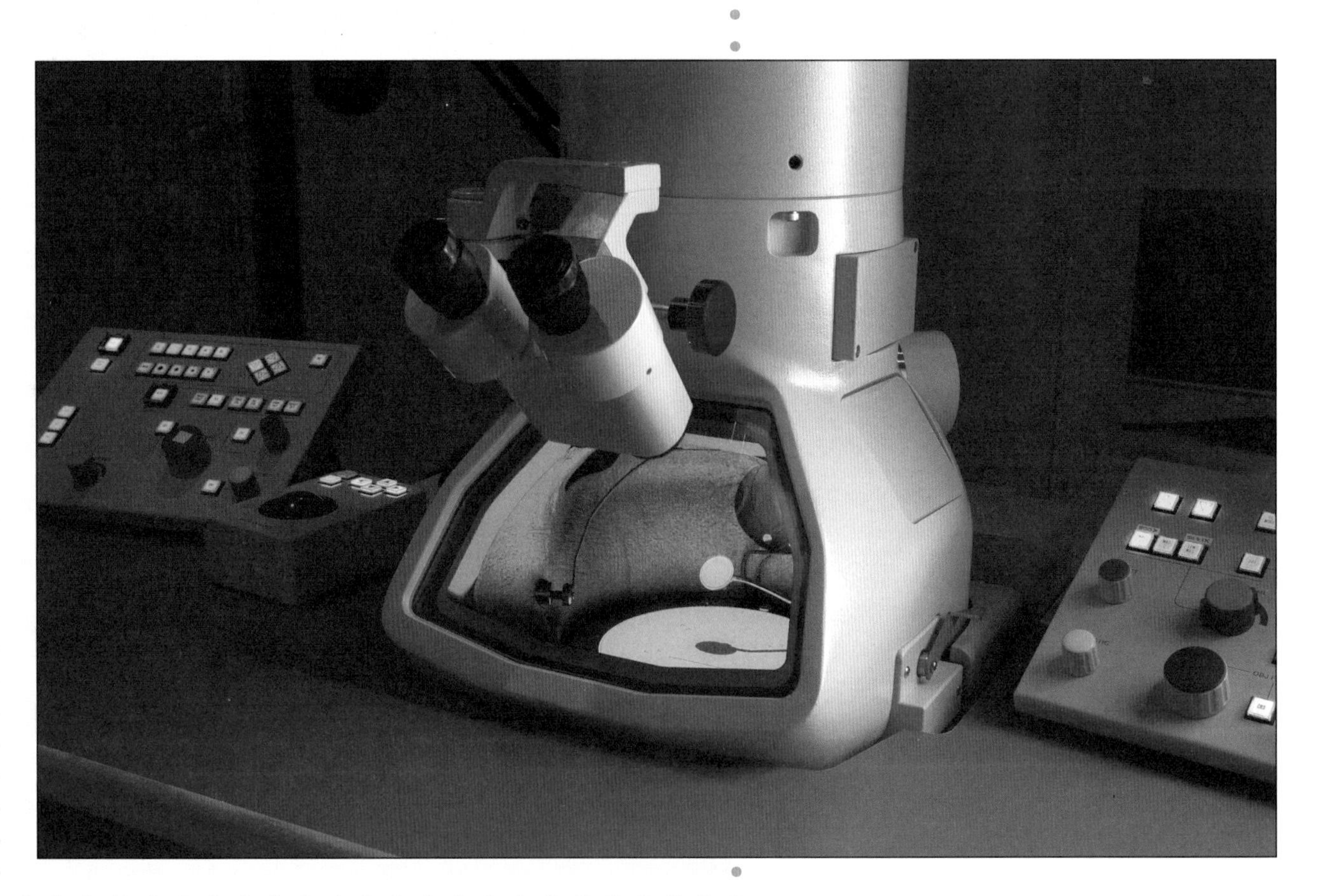

的细菌。数亿年前，生物体的一个细胞捕获了这些细菌，随着时间的推移，二者演变出延续至今的互利共生关系。

三羧酸循环

有氧代谢途径被称为三羧酸循环。这一系列反应以略加修饰的糖酵解产物为反应物，从中提取更多的能量，这个过程消耗氧气并释放二氧化碳。这些反应是我们吸入氧气并呼出二氧化碳的原因。

当糖酵解的产物丙酮酸发生反应时，就从糖酵解过渡到了三羧酸循

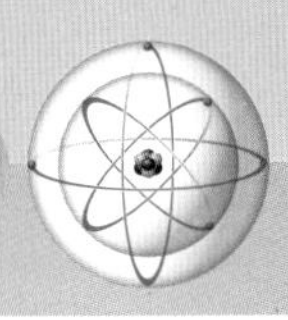

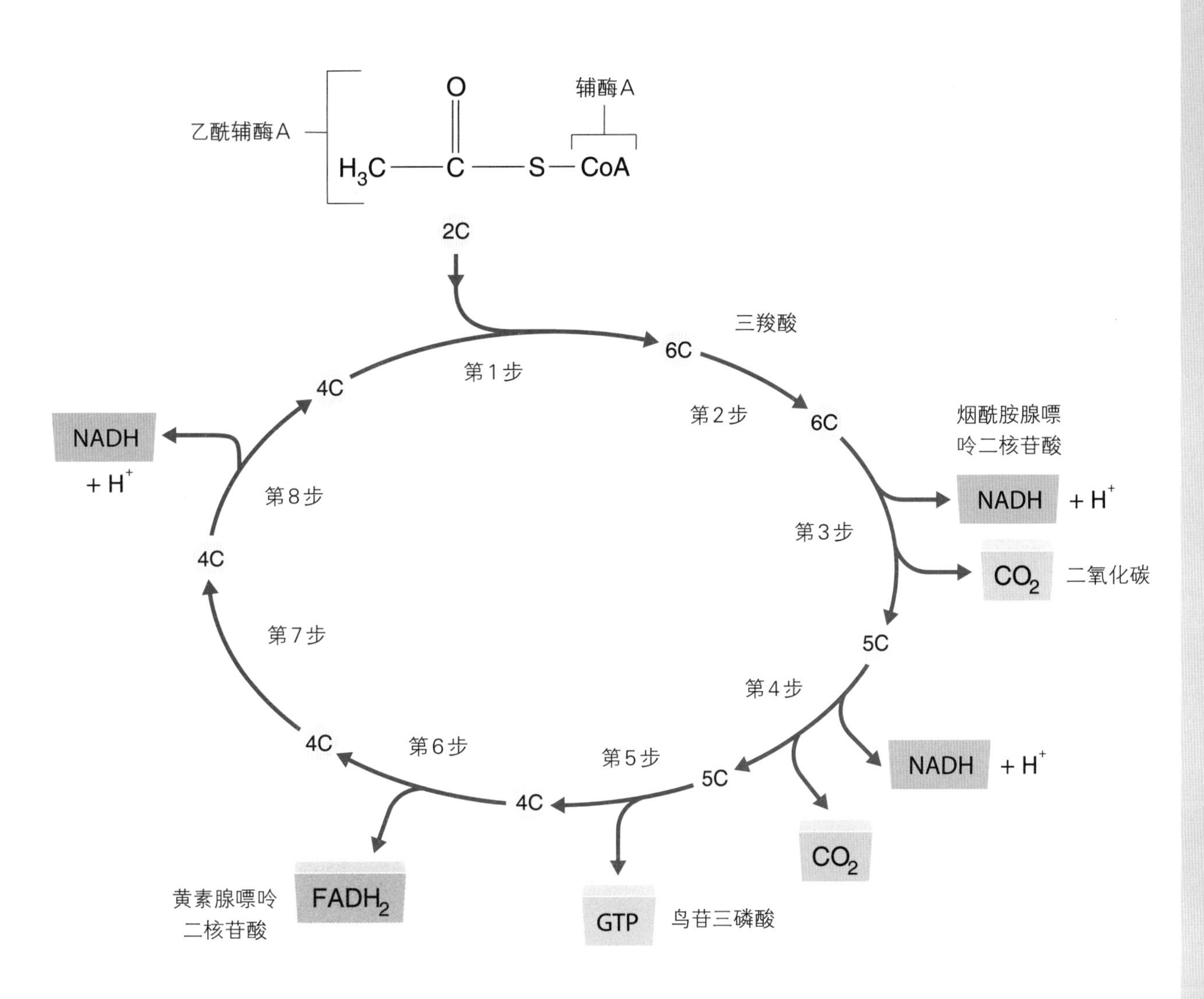

环。该反应将丙酮酸转化为乙酰基团（$—COCH_3$），乙酰基团与辅酶A（CoA）分子结合，生成乙酰辅酶A，也就是三羧酸循环的起点。

三羧酸循环是周期性的，因为它的起点（乙酰辅酶A）也是终点。这条途径是一个闭环，包括八个反应（步骤），每个反应由一种酶催化。名称中的三羧酸循环以循环中的第一个反应（乙酰辅酶A转化为柠檬酸，是一种三羧酸）产物命名。这条途径也被称为克雷布斯循环，克雷布斯是第一个发现这些反应步骤的科学家。

三羧酸循环中，只有一个反应产生ATP，而且只产生一个ATP分子。该循环的其他产物包括三个烟酰胺腺嘌呤二核苷酸（NADH）分子和一个黄素腺嘌呤二核苷酸（$FADH_2$）分子。这些分子在下一步反应中至关重要，它们会失去电子（被氧化），然后将ADP磷酸化（获得另一个磷酸基团）形成ATP。

▲ 三羧酸循环是由八个反应（步骤）组成的闭环。每个反应都是在酶的催化下完成的。循环的产物是：两个CO_2分子、三个NADH分子、一个GTP分子和一个$FDAH_2$分子。

人物简介

汉斯·克雷布斯

汉斯·克雷布斯（1900—1981）出生在德国，于1933年移居英国。20世纪30年代末，克雷布斯运用他在酶和化学反应方面的专业知识，发现了三羧酸（或克雷布斯）循环的细节。1953年，由于他在生物化学方面的杰出贡献，他获得了诺贝尔生理学或医学奖。1958年，他被授予爵士称号。

▶ 1953年，汉斯·克雷布斯被授予诺贝尔奖，当时他正在英国谢菲尔德大学从事研究工作。

电子传递

NADH和$FADH_2$是还原剂，这表示它们在化学反应中提供电子。它们将最初来自葡萄糖分子的电子提供给受体（氧化剂）。在此过程中，NADH和$FADH_2$分别被氧化成NAD^+和FAD。（NAD^+和FAD参与三羧酸循环，分别被还原为NADH和$FADH_2$）嵌入在线粒体内膜上的分子沿着一条链传递电子，这条链被称为电子传递系统。当电子沿着这条链移动时，电子传递系统（又叫氧化磷酸化）从电子中获得能量。这些能量使氢离子跨过内膜。当氢离子往回扩散时，它们的运动会驱动ATP合成酶，在ADP上添加一个磷酸基团以形成ATP。每利用一个葡萄糖分子，电子传递系统通常可以产生32个ATP分子。每利用一个葡萄糖分子、糖酵解、三羧酸循环和电子传递系统产生的ATP总量平均为36至38个ATP分子，这大约是可用能量的40%。

脂肪酸代谢

脂肪是丰富的能量来源，它提供的能量是相同重量的碳水化合物的两倍多。从食物中获得的一些能量并不是立即需要的，身体将这些能量以甘油三酯的形式储存在脂肪细胞中。甘油三酯会根据需要“燃烧”，尤其是在运动的时候。

通过一系列酶催化反应，脂肪酸分解

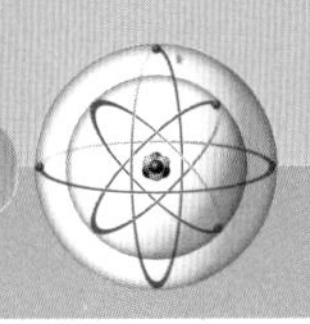

成乙酰辅酶A，接下来进入三羧酸循环，最终生成ATP。当甘油三酯分子与水分子反应一分为二时，这个过程就开始了。这个过程被称为水解，是缩合反应（产生一个水分子）的逆反应。脂肪酸通过缩合反应与甘油结合生成甘油三酯。甘油三酯水解产生游离脂肪酸，游离脂肪酸被运送到线粒体，进一步反应产生乙酰辅酶A。甘油三酯产生大量的能量，例如，一个棕榈酸分子可以产生129个ATP分子。

关键词

- **碳水化合物：** 主要由碳、氢、氧组成，含有多羟基的醛类或酮类的化合物。分为单糖、寡糖和多糖三大类。
- **酶：** 自然界存在的或人工合成的、能够催化特定化学反应的生物分子。
- **脂肪酸：** 具有碳氢链的羧酸化合物。主要是含有4 ~ 24个碳原子的直链酸。
- **水解：** 物质与水反应发生的分解作用。
- **甘油三酯：** 甘油分子中的三个羟基与三分子脂肪酸酯化生成的甘油酯。

化学在行动

脂肪与健康问题

脂肪细胞的大部分体积被脂肪占据。脂肪会给身体增加很多重量，使运动更加困难。储存的脂肪过多还会引发高血压和心脏病等健康问题。唯一可靠的减肥方法是减少食物摄入并加强锻炼。低水平的食物摄入会迫使身体消耗储存的能量，并且身体在进行剧烈活动（比如运动）时会增加对甘油三酯的消耗。

▶ 脂肪细胞对健康有严重影响。图中显示，脂肪细胞对一位超重人士的心脏造成了影响。

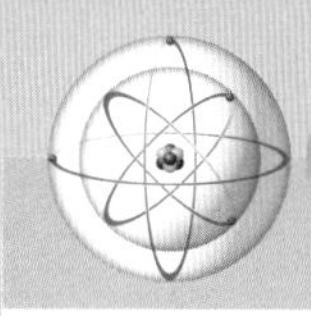

▲ 这头牛正在挨饿。如果动物没有足够的食物，它的脂肪沉积物消耗的速度会比补充的速度更快。当体内的脂肪全部用于新陈代谢后，肌肉就会被分解以获得能量。动物会逐渐衰弱死亡。

乙酰辅酶A也是制造甘油三酯的起点。身体将过多的碳水化合物产生的过量乙酰辅酶A转化为甘油三酯，储存起来以备后用。

氨基酸代谢

三羧酸循环的重要性不仅体现在分解分子和提取能量方面，也体现在合成代谢反应中。三羧酸循环参与氨基酸的合成与分解过程。

氨基酸的主要功能是合成蛋白质。饮食中过量的氨基酸不会被身体储存，一部分氨基酸会被分解，其产物参与三羧酸循环。氨基酸被氧化并被用作能量来源。如果长时间未进食，身体将会开始分解自身的蛋白质，并将氨基酸转化为能量，拼命维持生命。相反的反应也可能发生。接下来，酶会催化反应，将参与三羧酸循环和其他代谢途径的分子转化为氨基酸。例如，丙酮酸可以被用来制造丙氨酸。

核苷酸代谢

核苷酸是身体许多重要物质的组成成分，例如，核酸RNA和DNA。但与许多生命分子不同的是，我们不能从饮食中获得这些重要的核苷酸，而是通过几种氨基酸代谢途径制造核苷酸。例如，天冬氨酸、谷氨酸和甘氨酸与其他分子被用于制造核苷酸。当RNA和DNA分子分解时，身体也会回收核苷酸。

核苷酸的分解代谢反应不同于碳水化合物、脂肪和蛋白质的分解代谢反应。核苷酸不是特别重要的能量来源。它们被分解成各种分子，参与其他途径或随尿液排出体外。

关键词

- **三磷酸腺苷（ATP）**：由腺嘌呤、核糖和3个磷酸基团按特定方式连接而成。含有2个高能磷酸键，水解时释放出能量，是生物体内最直接的能量来源。

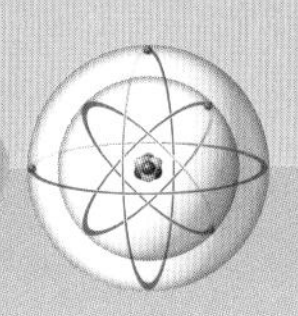

光合作用

分解葡萄糖产生ATP的反应释放出大量的势能（储存的能量）。能量不会凭空产生，也不会凭空消失，它只会从一种形式转化为另一种形式。所以制造葡萄糖分子需要消耗大量的能量。这些能量来自阳光。

▼ 向日葵和其他绿色植物利用光能将二氧化碳和水转化为碳水化合物。这个过程被称为光合作用，同时它还能产生动物生存所需的氧气。

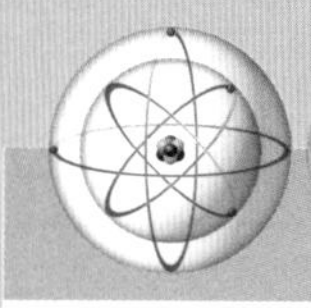

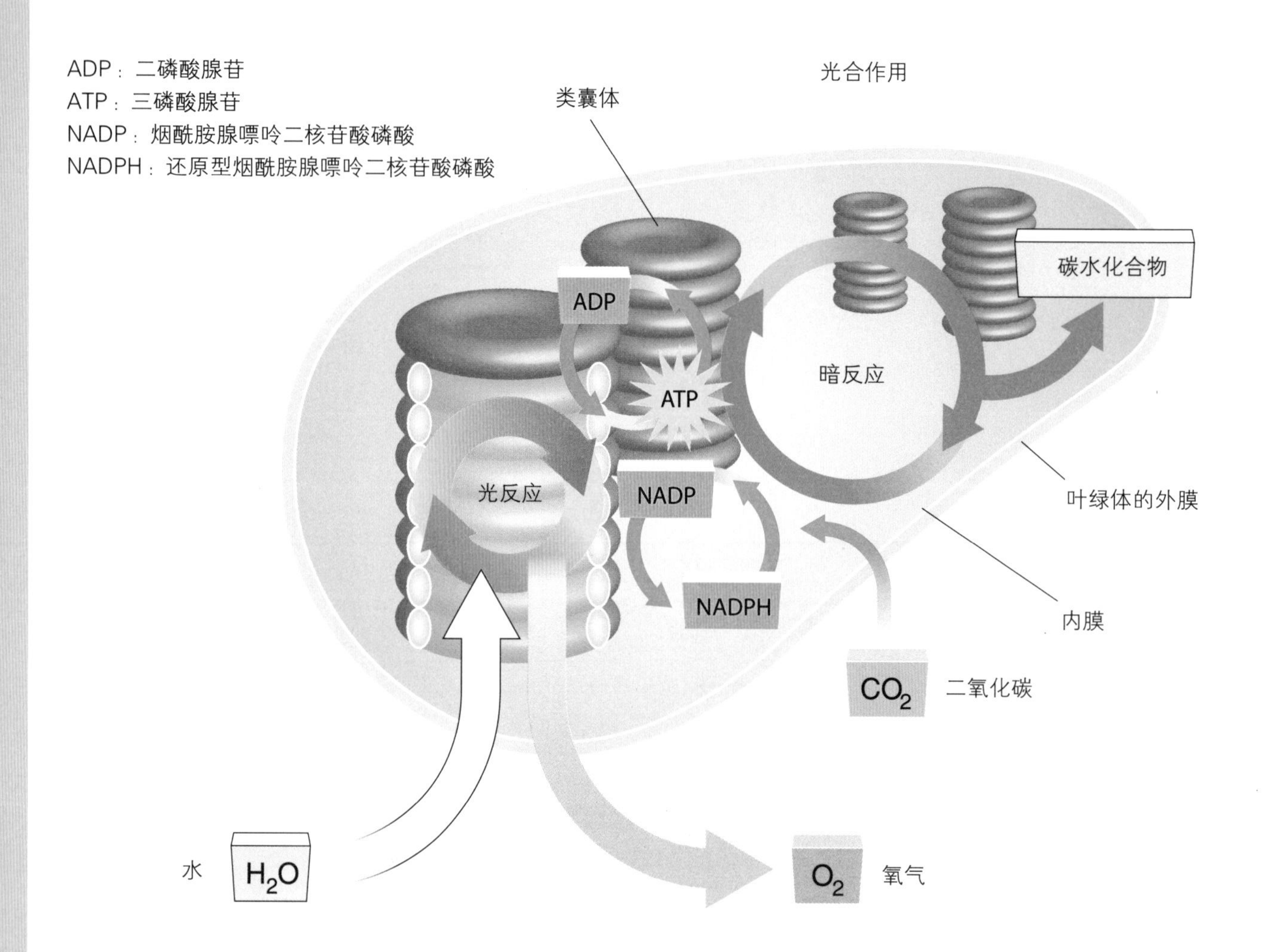

▲ 光合作用发生在叶绿体内，叶绿体是植物细胞内的微小器官。叶绿体中的叶绿素吸收光能，发生光反应产生ATP和NADPH。叶绿体的其他部分发生一系列暗反应，固定空气中的二氧化碳并产生碳水化合物。

光合作用是绿色植物、藻类、少数细菌以及其他一些单细胞生物的代谢途径。光合作用产生碳水化合物，并最终为地球上的所有生物提供食物。

光合作用从被称为叶绿素的吸光分子开始，也有其他吸光分子参与其中。叶绿素等吸光分子存在于植物细胞内的微小器官中，这种微小器官被称为叶绿体。植物的很多细胞都具有这种结构，但它们在叶子中尤其活跃。

植物利用阳光产生ATP和被称为还原型烟酰胺腺嘌呤二核苷酸磷酸的电子载体分子。接下来发生一系列暗反应（没有光参与）。这些反应又称卡尔文循环［以其发现者美国化学家梅尔文·卡尔文（1911—1997）的名字命名］。反应将化学能储存在更稳定、更持久的碳水化合物分子中，以备将来使用。这个过程固定了从大气中采集的二氧化碳，利用二氧化碳合成有机化合物，再合成碳水化合物。

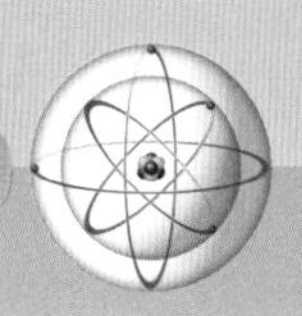

近距离观察

光合作用

光合作用的化学方程式可以写成：

$$6CO_2 + 6H_2O + 光 \longrightarrow C_6H_{12}O_6 + 6O_2$$

光合作用利用光能将二氧化碳和水转化为碳水化合物（葡萄糖）和氧气。植物进行光合作用，为自己制造食物（葡萄糖）。将这一反应与呼吸作用（动物通过呼吸作用从碳水化合物的氧化中获得能量）相比较：

$$C_6H_{12}O_6 + 6O_2 \longrightarrow 6CO_2 + 6H_2O$$

植物利用光能，将其转化为化学势能和氧气。动物从相反的过程中获得能量，分解碳水化合物。这个过程产生了能量，同时也产生了“废物”二氧化碳和水。

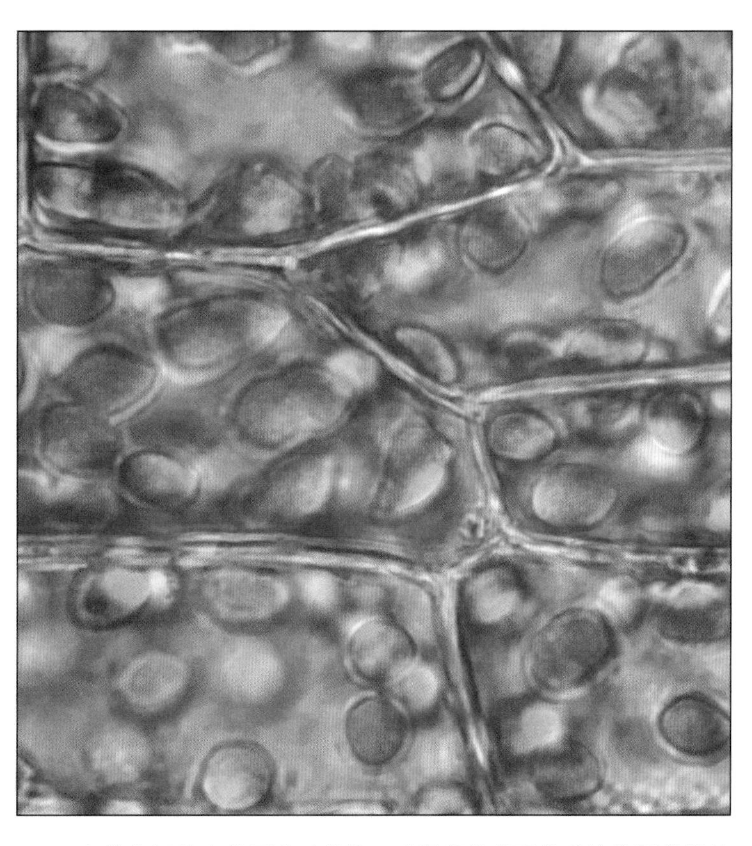

▲ 一个植物细胞中的两个叶绿体。叶绿素的光吸收系统位于类囊体中。类囊体长而薄，颜色较浅。

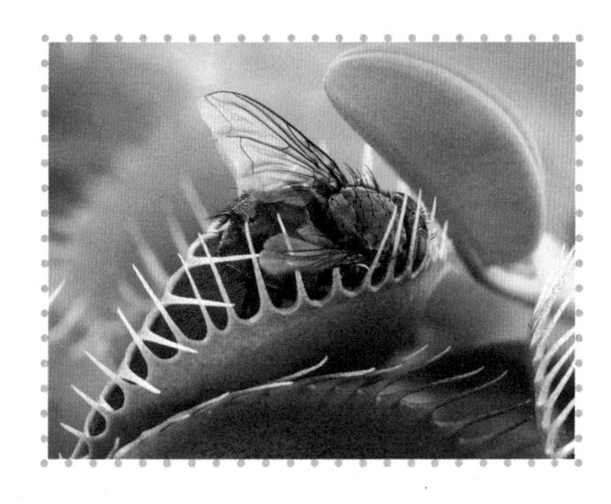

▶ 植物需要氮来制造蛋白质。大多数植物从土壤中获得氮，但捕蝇草由于生活在几乎不含氮的沼泽土壤中，它们获得氮的方式有所不同。它们获得的氮直接来自被叶子捕获并消化的昆虫。

5 合成分子

豆苗为什么知道应该如何生长?答案就在它的种子中，豆类植物的种子中包含了制造一株豆类植物所需的化学物质的所有信息和指示。

细胞内部或细胞周围发生的化学反应合成（制造）了大多数关键生命分子，包括存储和翻译遗传信息所需的分子。

19世纪以前，许多人认为人体和其他生物体中的化学反应与化学实验室中的反应不同。有些人认为合成生物化学分子的反应只发生在活体组织中，并且需要一种特殊力量（一种“生命”之力）的参与。如果是这样的话，就没有办法在身体组织之外合成生物化学分子。后来，1828年，德国化学家弗里德里希·维勒（1800—1882）合成了尿素，尿素是蛋白质的

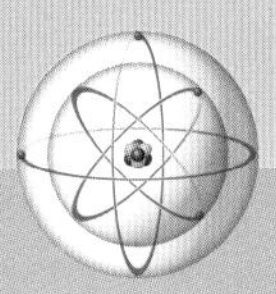

▲ 一名儿童正在喝一杯橙汁。人类的饮食中需要包含水果和蔬菜，因为它们含有大量的维生素C。人体无法合成这种维生素，必须通过食物获得。

代谢产物，会随尿液排出体外。不久之后，化学家开始在实验室中合成更多其他有机化合物，证明了这些化合物中的任何一种都不需要"生命"之力。

酶

酶是身体产生的、用于催化（加速）合成反应和其他生物反应的蛋白质。如果没有酶，这些反应的速度会过于缓慢。合成分子需要两个条件。

1. 存在合成该分子所需的物质。

2. 存在催化反应的特异性酶。

由于一种酶通常只催化一种特定的反应，每种分子的合成都需要特定的酶。如果缺少这种酶，这种分子就无法被人体合成，而必须通过食物等来源获取。例如，大多数动物都可以合成维生素C（抗坏血酸），但是，人体无法合成维生素C，因为我们缺乏必要的酶。对于我们来说，维生素C是一种必须从橘子、柠檬、绿叶蔬菜或其他富含这种维生素的食物中获取的营养物质。

人物简介

弗里德里希·维勒

弗里德里希·维勒（1800—1882）是一名德国科学家，从1836年开始，他在瑞典哥廷根大学担任教授职位，直到去世。他是一名敬业的教师，经常一大早就开始上课，还编写了几本化学教科书。他通过用无机盐氰酸铵合成化合物尿素，证明了生物化学分子所遵循的原理与其他物质相同。他还分离出了元素铝和硅。

▶ 弗里德里希·维勒证明了生物化合物可以在实验室中合成。

酶不仅可以加速反应，也是身体控制体内反应的方法。在合成反应中，人体产生的分子数量必须足够多，但又不能过多。为了控制反应，身体通常会调节酶的活性。有时，合成的分子本身会起到调节酶的作用，它与酶结合并改变酶的形状，使酶的活性部位无法正常工作。当足够多的分子被合成后，就会有大量的分子与酶结合，暂时减少合成，直到需要更多这种分子。这种调节机制被称为反馈。由于这种调节会降低或抑制反应速率，因此被称为负反馈或抑制性反馈。

关键词

- **离子化：**在质谱分析中将固态、液态或气态样品转化为气相下的离子的过程。
- **维生素：**维持有机体正常生命活动所必需的一类小分子有机化合物。需要量极小，但有机体不能合成或合成量很少，必须通过食物供给。

氨基酸的合成

氨基酸是蛋白质的基本成分。大多

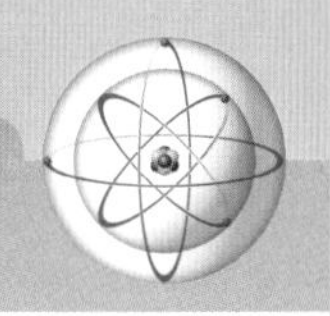

数生物体利用20种不同的氨基酸来制造蛋白质。对于人类来说，这些氨基酸中有11种可以在体内合成。（由于儿童和成人之间的差异以及旁路途径的存在，有时可以合成更多或更少种类的氨基酸。）

氮是氨基酸的重要成分。人类可以从食物中获得氮。这些氮最初几乎全部来自植物。植物从空气中获取氮——氮气约占空气体积的80%。生活在土壤中或附着在某些植物根部的细菌能够“固定”氮（使元素成为可用化合物的一部分）。固氮过程涉及将大气中以氮气（N_2）形式存在的氮转化为氨（NH_3）。这个过程是在一种被称为固氮酶的大型酶的帮助下进行的。氨被离子化（带电）的速度很快，植物利用这种活性物质合成氨基酸和其他含氮分子。像光合作用制造碳水化合物一样，固氮作用是植物对地球上所有生命至关重要的另一个原因。

▼ 这株豌豆根部的粉色根瘤中充满了细菌。这些细菌固定空气中的氮，并将其转化为一种有机形态，供植物利用合成蛋白质。

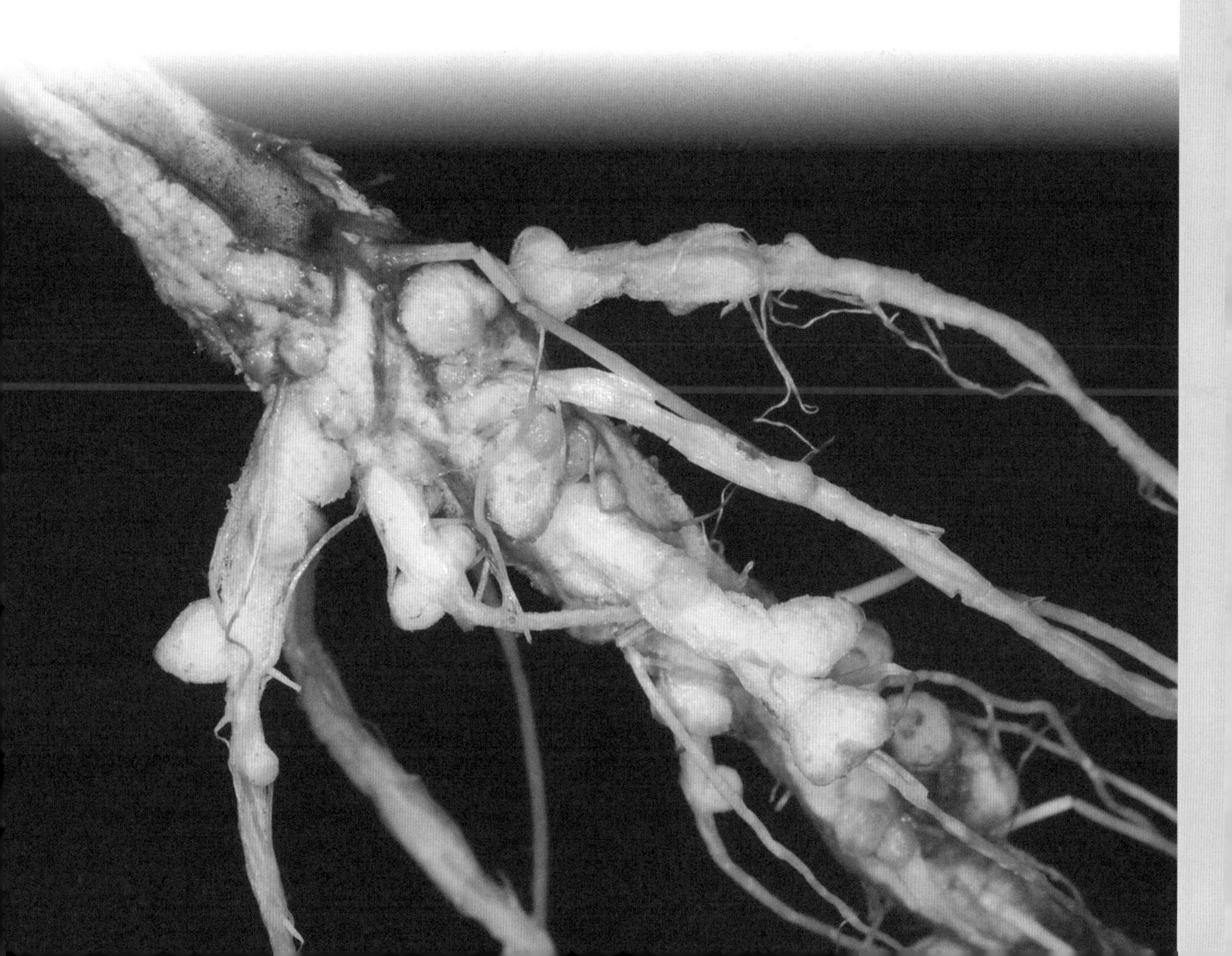

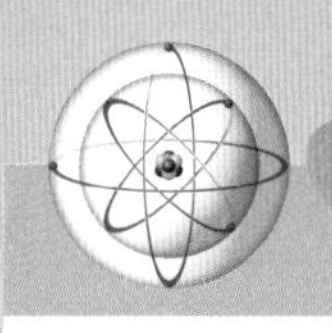

▶ 图中的食物金字塔展示了不同的食物类别和每类食物的健康摄入量占比。饮食均衡的人能够获得身体所需的所有氨基酸。多余的糖和脂肪应该少量食用。

人体可以合成的11种氨基酸被称为非必需氨基酸，因为它们在饮食中不是必需的。这些氨基酸通常是由参与其他代谢途径的分子合成，尤其是三羧酸循环。谷氨酸和谷氨酰胺是人体可以合成的两种氨基酸，它们也是合成许多非必需氨基酸和其他重要分子的起点。这两种氨基酸都非常重要，所有生物都具有谷氨酸脱氢酶和谷氨酰胺合成酶，分别催化谷氨酸和谷氨酰胺的合成。

近距离观察

氨基酸

人体中用于合成蛋白质的二十种氨基酸中有9种必须从食物中获得。这9种氨基酸被称为必需氨基酸，它们是健康饮食中必不可少的。我们的身体通过消化食物中的蛋白质来获取这些氨基酸。完全蛋白质可以提供所有必需氨基酸。奶、蛋和鱼类是完全蛋白质的优质来源。虽然大多数谷物和蔬菜缺少一种或多种必需氨基酸，但搭配食用这些食物也能提供所有的必需氨基酸。儿童需要的组氨酸和赖氨酸比成年人更多，这两种必需氨基酸都有助于儿童成长。

必需氨基酸	非必需氨基酸
组氨酸	丙氨酸
异亮氨酸	精氨酸
亮氨酸	天冬酰胺
赖氨酸	天冬氨酸
甲硫氨酸	半胱氨酸
苯丙氨酸	谷氨酸
苏氨酸	谷氨酰胺
色氨酸	甘氨酸
缬氨酸	脯氨酸
	丝氨酸
	酪氨酸

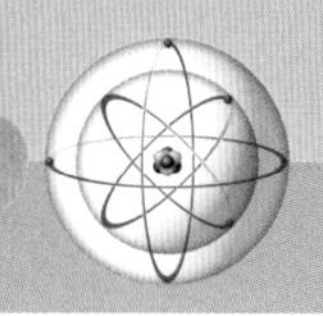

糖酵解反应和三羧酸循环提供了从分解葡萄糖等物质中获取化学能的途径。不过，这些途径也参与合成新物质，因为细胞利用许多反应物和产物来合成氨基酸、脂质和其他生物分子。

脂质膜的合成

细胞需要一层膜将细胞内部与周围的溶液分开，并调节进出细胞的分子流动。细胞膜主要由被称为磷脂的脂质构成。身体必须确保有足够多的磷脂，来维持身体组织的生长和活力。虽然膜被分解和回收，但它的合成也很重要。

化学物磷酸酯是一种简单的甘油磷脂，也是一种常见的磷脂。磷酸酯参与几种更复杂的甘油磷脂的合成途径，甘油磷脂是细胞膜的组成部分。磷酸酯还经常参与甘油三酯的合成，甘油三酯是人体储存能量的脂肪。磷酸酯本身是由一种被称为3-磷酸甘油的分子通过一系列辅酶A参与的反应产生的。辅酶是帮助某些酶发挥作用的小分子，“A”表示这种分子提供了酶发挥作用所需的特定有机基团。辅酶A在三羧酸循环中起着关键作用。

工具和技术

凝胶电泳

凝胶电泳是科学家用来分离蛋白质或核酸混合物的技术。蛋白质与核酸都是大而且重的分子，具有在溶液中形成离子的化合物侧链。离子带有正电荷或负电荷，由某些原子获得或者失去电子而形成。当电流通过溶液时，离子会向带相反电荷的电极移动。

将几滴混合蛋白质溶液滴在凝胶板的中间，该凝胶板的一端是正电极，另外一端是负电极。当施加电流时，蛋白质分子会被电极吸引或排斥，这取决于它们所带的电荷。凝胶就像分子筛一样，将蛋白质按重量分离。最轻的分子能够最快速地穿过凝胶，并且距离相关的电极最近。一段时间过后，关闭电流并用染色液清洗凝胶板。蛋白质就会显示为一系列条带或斑点。每种蛋白质会依据其质量和电荷的不同移动一定的距离。然后对凝胶板上的斑点取样，并进行化学检测以确定蛋白质的种类。

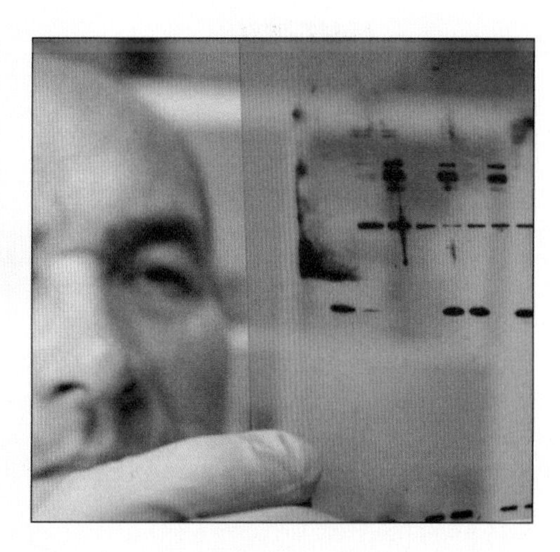

▶ 科学家正在电脑屏幕上查看凝胶电泳测试的结果。他可以根据蛋白质在凝胶上的位置确定存在哪些蛋白质。

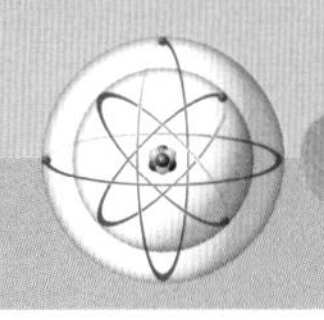

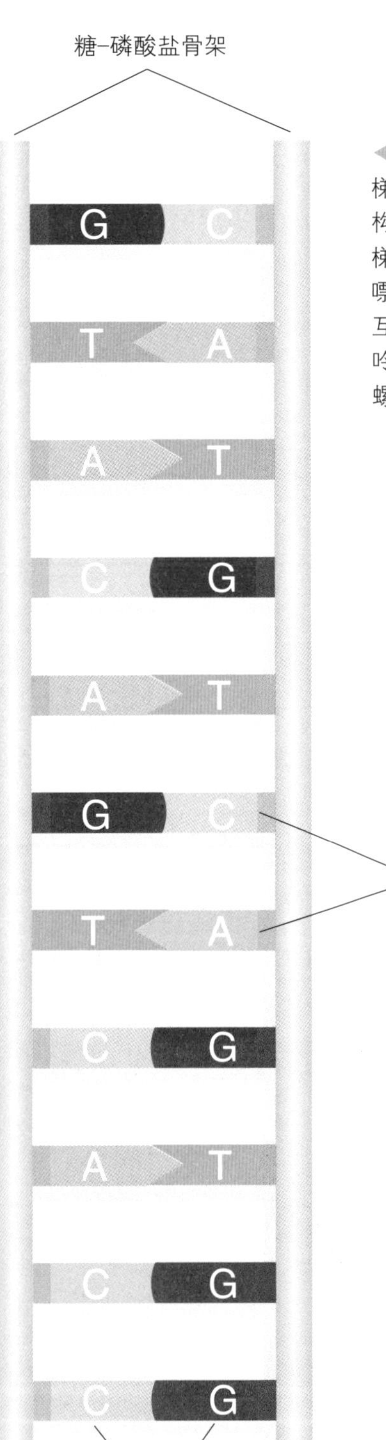

◀ DNA分子的基本结构类似于梯子。梯子的立柱由糖-磷酸盐构成。梯级是核苷酸碱基。每个梯级都有两个互补的碱基。腺嘌呤（A）总是与胸腺嘧啶（T）互补，胞嘧啶（C）总是与鸟嘌呤（G）互补。梯子被扭曲成双螺旋结构。

核苷酸的合成

核苷酸是脱氧核糖核酸（DNA）和核糖核酸（RNA）的基本成分。这两种分子都携带遗传信息。就像细胞膜中的脂质一样，旧的核苷酸经常被循环利用。当旧的或不需要的RNA或者DNA被细胞分解后，核苷酸通常会被用来制造新的RNA或DNA分子。与回收利用旧分子相比，利用核苷酸的基本成分合成核苷酸消耗的细胞能量更多，但有时却是必要的。

遗传信息

细胞利用组成核酸RNA和DNA的核苷酸长链来存储遗传信息并执行其指令。遗传信息储存、维持和发挥作用过程涉及大规模、精确的分子合成。在这些长分子

近距离观察

信息流动的方向

从事遗传学和分子生物学研究的科学家发现，合成新蛋白质的信息总是沿着同一方向流动。合成新蛋白质的指令始于DNA，其中的氨基酸序列编码被RNA转录（复制），然后RNA上的编码被翻译成构成蛋白质的氨基酸。

DNA ——→ RNA ——→ 蛋白质
转录　　　　翻译

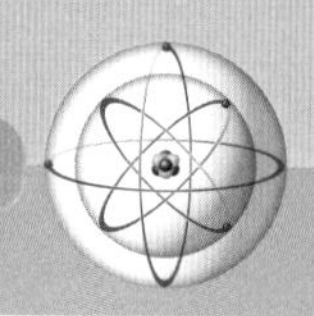

关键词

- **核酸：** 由若干核苷酸单体聚合成的生物大分子化合物。

合成的过程中，RNA和DNA中的核苷酸碱基序列包含的信息必须保留。细胞将这些序列作为模板来合成多种不同的蛋白质，以实现其功能。遗传信息从保存这些信息的DNA流向RNA，RNA再将信息传递给合成蛋白质的酶。

人体细胞中的大部分DNA位于细胞核中，细胞核是细胞的中心结构。组织的生长需要细胞分裂，细胞通过一分为二形成两个细胞的方式，来生长并形成新的组织。当细胞分裂时，它的DNA必须进行复制（自我复制），这样两个子细胞都具有与母细胞相同的DNA。

DNA复制

DNA复制涉及合成新的DNA。这种合成不是随机进行的。DNA序列含有信息，所以必须被尽量保留。只有精确地复制序列，才不会产生错误的或不活跃的蛋白质。

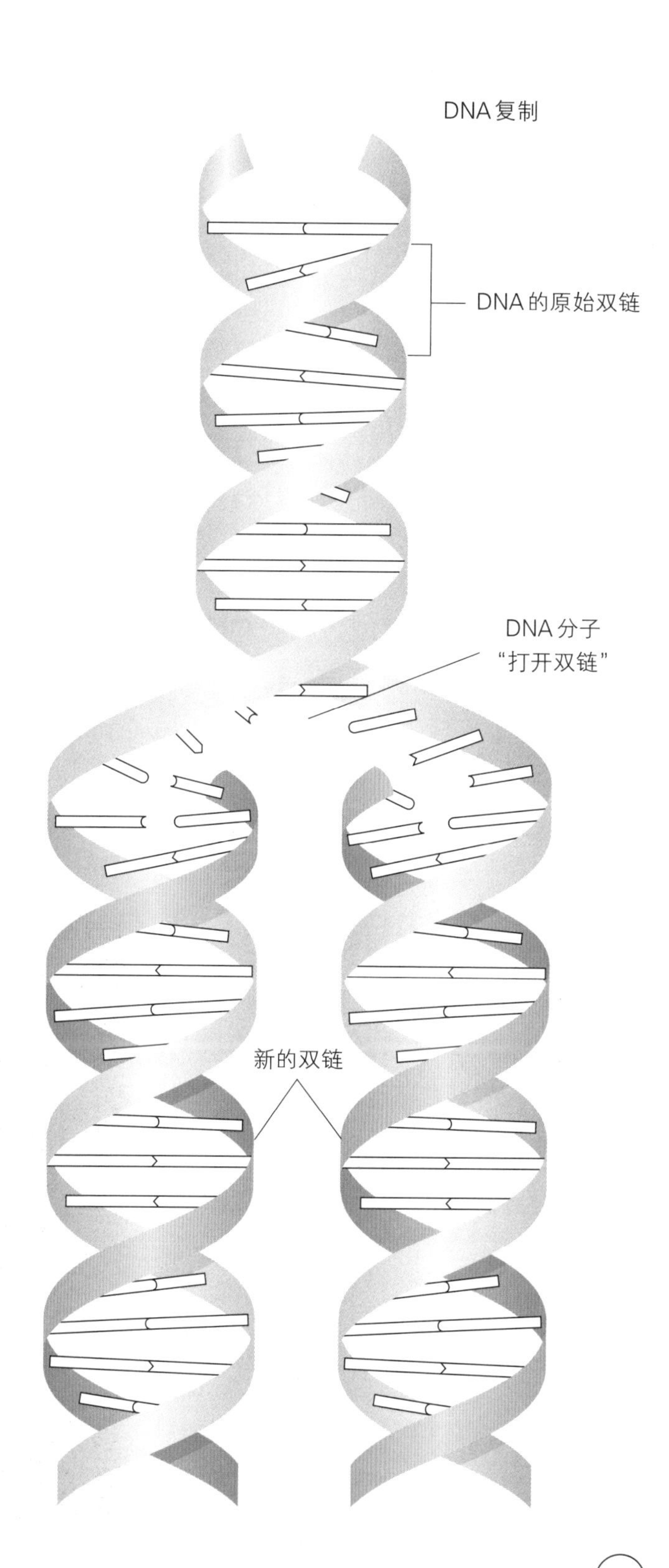

▶ 当DNA复制时，分子的原始双链断裂，使每条链都可以被复制。新的双链与原始的双螺旋结构相同。

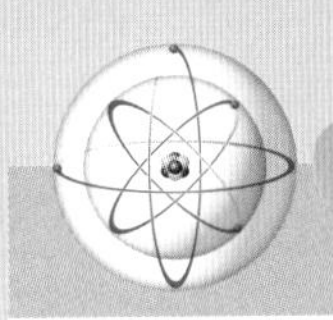

细胞在分裂之前，会复制自身的DNA，并使DNA形成X形结构，称为染色体。染色体是盘绕的DNA长链，携带遗传信息。复制碱基序列需要拆开DNA的双螺旋结构。这并不困难，因为双链之间是通过弱氢键而不是强共价键连接的。双链分开后，每条链都成为制造另一半双螺旋的模板。一种被称为DNA聚合酶的大型酶与每条链结合，连接正确的核苷酸，并沿着链缓慢移动（这种酶之所以得名，是因为它有助于DNA核苷酸的聚合，这意味着它对将核苷酸连接在一起形成链或聚合物的反应起催化作用）。如果复制过程不出错的话，当酶完成工作后，就得到两个相同的双螺旋DNA分子。

DNA双螺旋的每条链都可以作为模板，因为这两条链是互补的，也就是说一条链的序列是由另一条链决定的。这是因为腺嘌呤（A）碱基总是与胸腺嘧啶（T）碱基连接在一起，而胞嘧啶（C）碱基总是与鸟嘌呤（G）碱基连接在一起，构成了最稳定的双螺旋结构。如果知道双螺旋结构中一条链的序列，就能确定另一条链的序列，例如，与AAGCAT序列互补的链是TTCGTA。

DNA修复

大多数情况下，DNA聚合酶会把正确的核苷酸碱基连接在一起。但复制有时也会出错，导致DNA双螺旋中的碱基对错配：A没有与T连接或C没有与G连接。如果DNA分子受损，序列也会发生意外变化：也许一个化学性质活泼的分子引起了其中一个核苷酸的变化，或者是辐射击中了DNA导致分子断裂。DNA序列的变化被称为突变。

由于细胞需要依靠DNA序列中包含的

关键词

- **碱基对**：在核酸分子的双螺旋结构中，一条链上的碱基与另外一条链上的碱基之间通过氢键形成的一种化学结构。
- **双螺旋**：双链DNA分子的两条链围绕着共同的假想轴旋转所形成的二级结构。
- **聚合酶**：催化以核酸链为模板合成新核酸链的酶。包括RNA聚合酶和DNA聚合酶。

▼ 一只不常见的白色野鸡。这种突变是由于DNA在受精卵中复制时出现错误而产生的。如果DNA序列对生物不重要，那么它的很多突变（即使是重大的突变）都不会产生什么影响。在少数情况下，这种影响对生物是有益的，但绝大多数的突变是有害的。

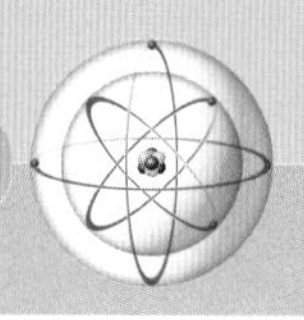

信息，它必须尝试纠正错误。互补的双链可以帮助检查错误，因为在很多不匹配的碱基对中，有一个核苷酸碱基是正确的，而另一个发生了意外变化或复制错误。找出哪个碱基是正确的碱基并不总是那么容易，但有时错误的碱基会发生化学上的变化。新复制的链通常带有化学标记，因此细胞知道哪条链最有可能含有复制错误。细胞中有数十种酶对这种检查和纠正序列错误的行为起到催化作用。有些错误（但并非所有错误）会被发现并得到纠正。

基因与DNA

基因是遗传信息的单位，是极其重要的DNA序列。基因控制或影响着眼睛的颜色、身高和某些行为倾向等特征。基因通过编码特定蛋白质来实现这一功能。蛋白质执行细胞的许多功能，还影响着细胞的结构特性，因此这些蛋白质的数量和类型对细胞的行为和互动有着强烈的影响。细胞的行为反过来又控制着生物的特征。

▼ 这两只袋鼠是白色的，它们的眼睛是粉红色的，因为它们的基因缺少袋鼠常见的棕色毛发和眼睛颜色的编码。母亲把这些特征遗传给了孩子。

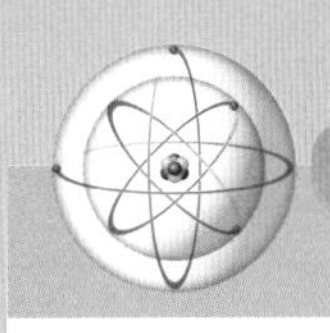

近距离观察

垃圾DNA

编码基因的DNA只占人类DNA的2%～4%。动物和植物的情况也与此类似。DNA链的一些片段是高度重复的，由多次重复的序列组成，通常没有明显的功能。这种DNA有时被称为“垃圾DNA”。其他序列则参与控制某些基因的活动，调节它们转录的频率。

▼ 这张电子显微照片显示了DNA（粉红色链）的转录过程。在转录过程中，RNA聚合酶识别DNA上的起始指令并开始构建mRNA链（绿色）。RNA聚合酶沿着DNA链移动，直到到达终止码。

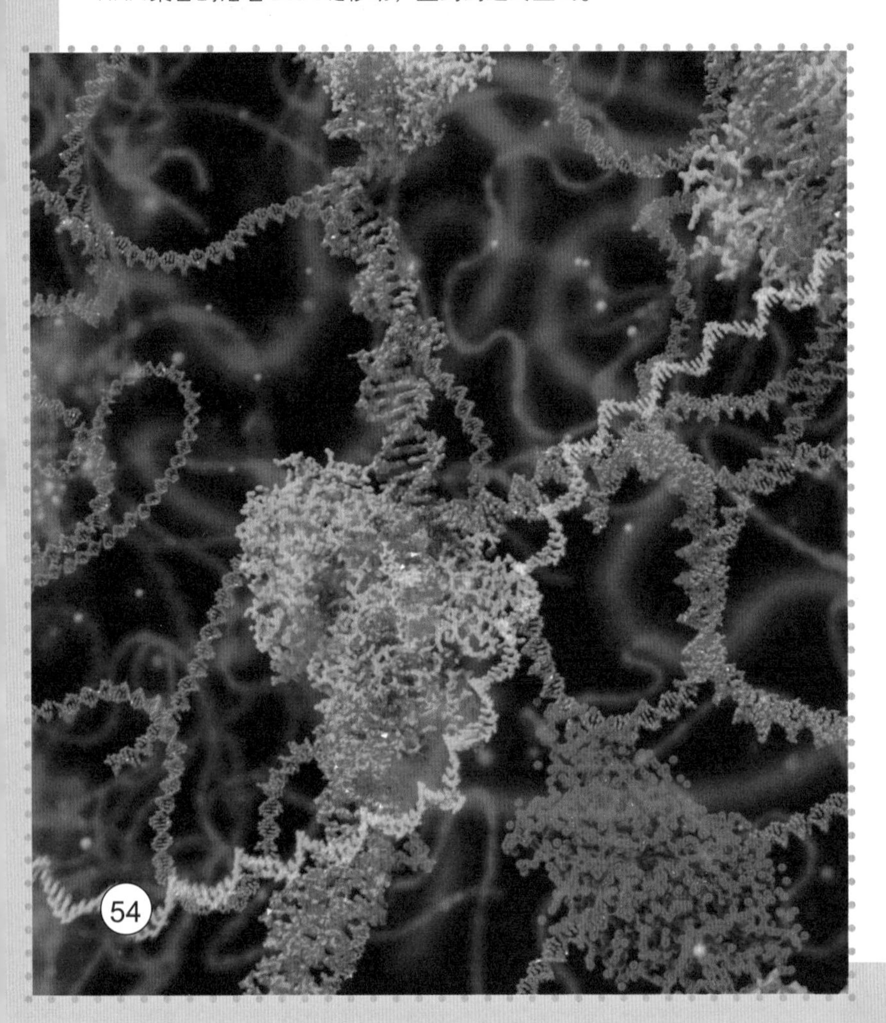

酶通过读取基因序列来制造相应的蛋白质。首先，细胞中的一组分子复制细胞核中的DNA序列，一些特殊的RNA分子将此信息传递给细胞核外负责合成蛋白质的分子，这些特殊的RNA分子被称为信使RNA（mRNA）。产生这些mRNA分子的过程被称为转录。

转录

RNA聚合酶催化mRNA的合成，DNA提供模板。RNA聚合酶首先与被称为启动子的DNA序列结合。启动子指挥酶来到正确链上的正确位置，并引导它朝着正确的方向读取编码。这个过程类似于DNA复制，因为RNA聚合酶会生成互补链并保留基因序列中的信息。只是合成的链是RNA，并且RNA中不包含胸腺嘧啶碱基，而是用尿嘧啶（U）碱基代替了胸腺嘧啶。

每个基因都位于染色体上的特定区域。染色体成对出现在细胞中，每对染色体都携带具有相同特征的基因。

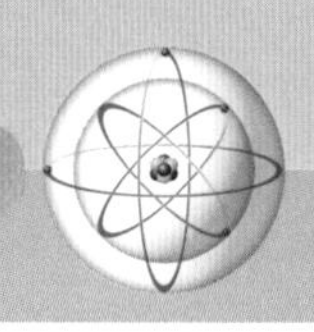

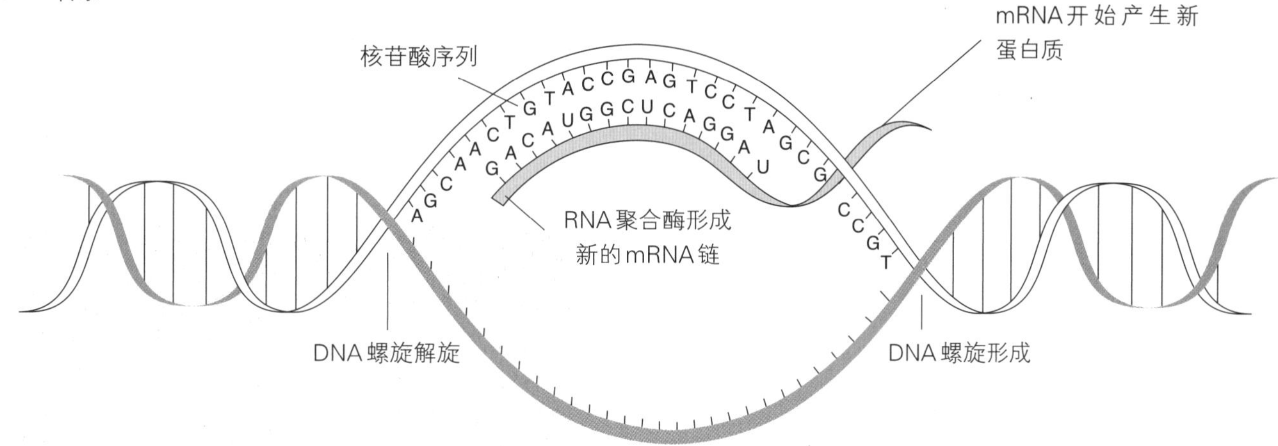

▲ 在DNA转录的过程中，DNA分子部分解旋。与此同时，RNA聚合酶开始形成一条mRNA链，它与每条DNA链上的核苷酸碱基序列（此处仅显示一条链）相对应。mRNA链形成后，会移动到细胞内部，它所携带的信息在细胞内被翻译并被用于制造新的蛋白质。

工具和技术

基因芯片

人类有25 000～30 000个基因。有一种研究细胞的方法就是检查它所表达的特定基因（转录）。由于存在成千上万种可能性，这项任务可能相当艰巨，但被称为基因芯片的工具可以让它变得更容易。基因芯片中包含大量单链DNA基因或基因片段，附着在一小块载玻片或膜上。当细胞内容物被浇在基因芯片上时，特定的mRNA分子会与基因芯片上的相应基因结合。基因芯片为科学家提供了一种快速确定哪种基因已经表达的方法，因为每种基因在载玻片上的位置都是已知的。

◀ 基因芯片，有时被称为生物芯片，由载有DNA点的载玻片组成。每个点都含有不同的DNA片段，这些片段将与被测样本中的特定基因结合。经过激光扫描后，基因芯片上已经反应的点位会突出显示。颜色反映了样品中存在哪种基因。

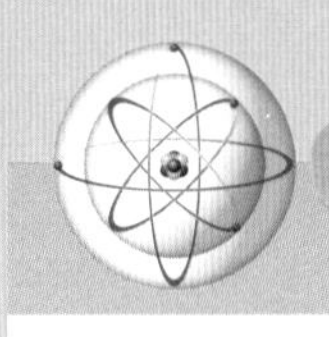

化学在行动

基因问题

镰状细胞性贫血是一种由畸形血红蛋白引起的疾病。血红蛋白是血液中携带氧气的一种蛋白质。病变的血液细胞不是圆形而是镰刀形的，这会降低血液循环的速度。患者编码血红蛋白的两个基因都携带突变，这种变化非常微小——畸形血红蛋白与正常血红蛋白只有一个氨基酸的差异。如果两个基因中有一个是正常的，那么影响要小得多，甚至还会带来一些好处，会对疟疾具有更强的抵抗能力。

▶ 这些血细胞来自镰状细胞性贫血患者。正常的血细胞是圆形的，呈红色。而镰状细胞呈粉红色，形状不规则。

可见，细胞中的每个基因都有两种形式，尽管这两个基因可能是略有不同的版本，或等位基因。一个等位基因来自母亲，另外一个来自父亲。有时，细胞只转录两者中的一个，有时两者都转录，这取决于有哪些基因参与了转录。

人体内几乎所有细胞都包含全套染色体对。但也存在例外情况，例如，不包含任何染色体的红细胞（这些细胞不需要任何染色体，因为它们的寿命很短），以及只有一条染色体的精子和卵子等生殖细胞。精子和卵子在繁殖过程中结合提供了全套染色体，每对染色体中，有一条来自父亲的精子细胞，另外一条来自母亲的卵细胞。

虽然体细胞的基因相同，但组成各器官的细胞却存在着很大的差别。细胞具有特殊的功能。例如，肌肉细胞会收缩，而脑细胞相互传递信息。这些功能取决于执行所需任务的蛋白质的合成。肌肉、大脑、肝脏、皮肤和其他器官的细胞之所以不同，不是因为它们的基因不同，而是因

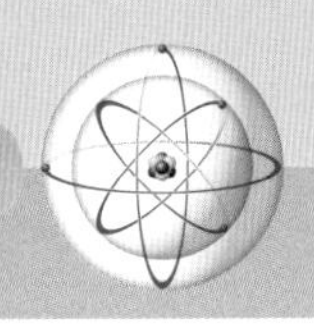

为它们转录或表达的蛋白质不同。一组转录基因合成的蛋白质执行细胞的特殊功能。

翻译

翻译是合成mRNA序列编码的蛋白质的过程。翻译发生在核糖体中，核糖体是一种复杂的细胞结构，含有核糖体RNA（rRNA）的三个亚基和数十种不同的蛋白质。核糖体通过“读取”序列中的每三个碱基作为制造特定氨基酸的编码来翻译mRNA。氨基酸附着在转运RNA（tRNA）分子上。每种tRNA都携带20种不同氨基酸中的一种。翻译是一项复杂的操作。酶催化核糖体沿着mRNA移动的每一个步骤，根据编码指令合成蛋白质。

mRNA的每三个碱基片段为一个密码子，编码特定的氨基酸。这种编码被称为遗传密码，因为它是基因传递信息的方式。RNA由四种不同的碱基组成，因此密码子中的三个位置可以是四种碱基或“字母”——A、C、U或G中任意三种的排列组合。改变碱基的序列就可以在遗传密码中产生64种不同的密码子。

核糖体把mRNA当作是正确的基因副本。如果mRNA发生错误，核糖体产生的蛋白质就会产生序列错误。这些蛋白质通常形状异常，无法发挥作用，因此基因序列中的突变会导致产生不正确或异常的蛋白质。在极少数情况下，新蛋白质可能会发挥新的有益作用，但更多情况下，这种蛋白质是无用的，甚至是有害的。

▼ 将mRNA翻译成蛋白质需要转运RNA（tRNA）。tRNA是一种较短的分子。该分子的一端有一个反密码子（与mRNA密码子互补的碱基序列），另一端有一个氨基酸。细胞中的核糖体将tRNA上的反密码子与mRNA上的正密码子连接起来。该氨基酸与它面前的氨基酸形成键，与tRNA分离。然后tRNA离开去选择新的氨基酸分子。

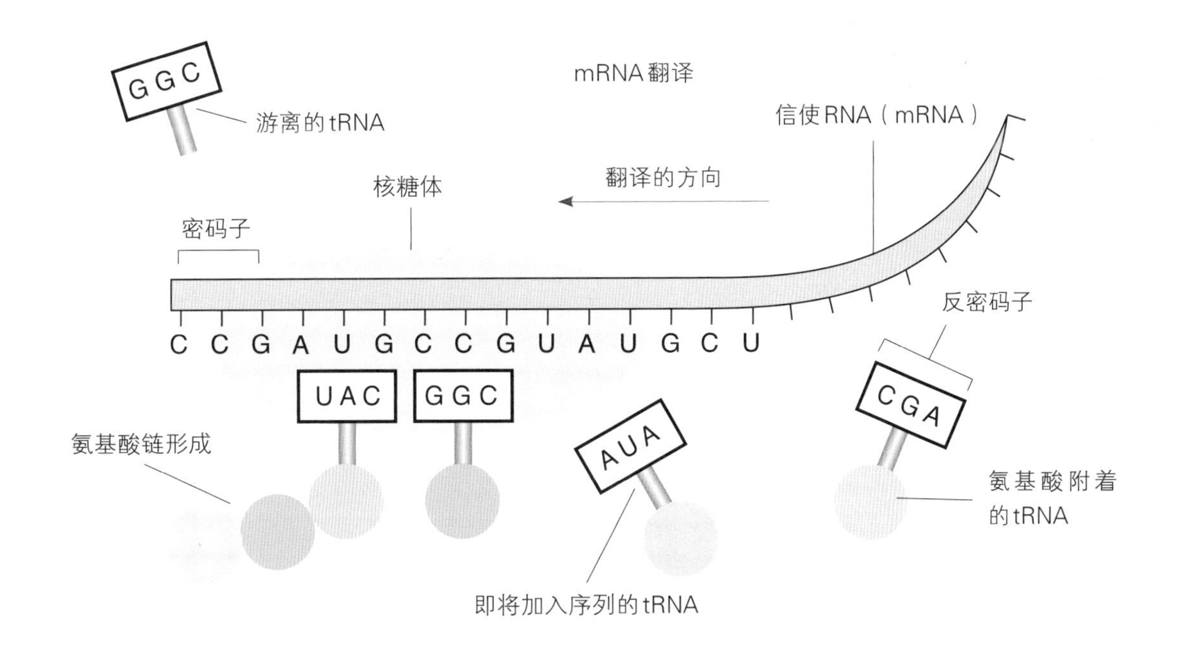

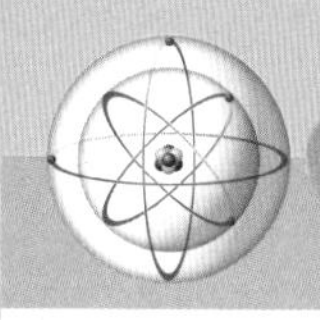

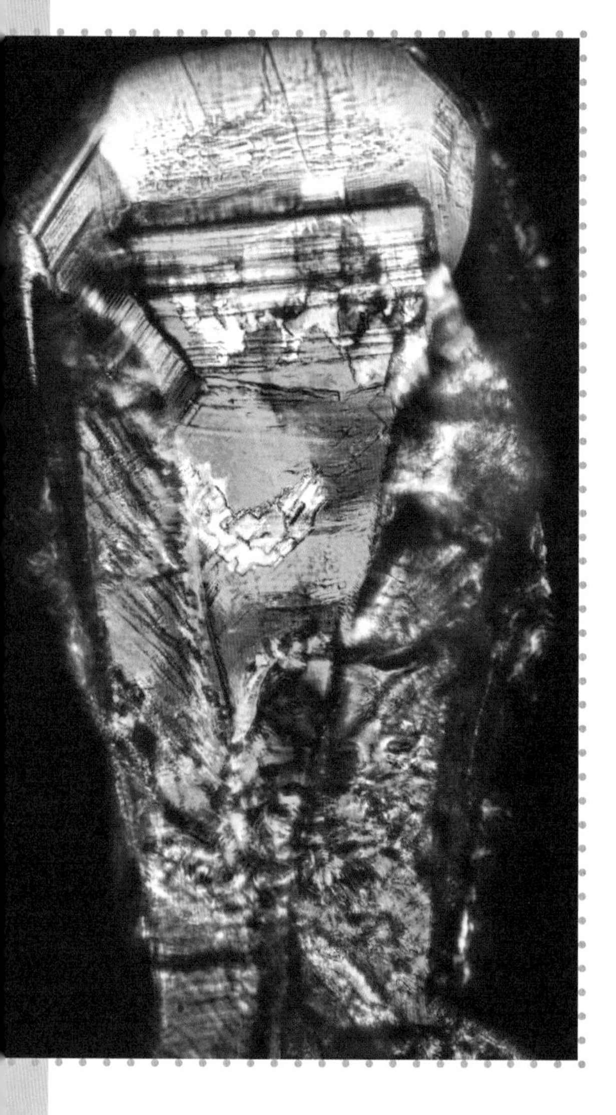

◀ 这是甘氨酸晶体的电子显微照片。甘氨酸是最简单的氨基酸，由一个中心碳原子、两个氢原子、一个氨基和一个羧基组成。它用于合成核苷酸腺嘌呤和鸟嘌呤，并被认为是地球上形成的第一种氨基酸。

每一个密码子代表一个氨基酸或一个起始或终止指令。当核糖体遇到GGG密码时，它会将甘氨酸插入蛋白质序列。与核糖体相关的酶会催化肽键，将甘氨酸与链上的前一个氨基酸连接，这条链不断变长。密码子AUG编码甲硫氨酸并发出蛋白质的起始信号。密码子UAA、UGA和UAG向核糖体发出终止翻译的信号。

tRNA分子通过其核苷酸中的三碱基序列来识别所携带的氨基酸。该序列与氨基酸的密码子互补，被称为反密码子。例如，密码子AAC编码天冬酰胺，具有反密码子UUG的tRNA分子携带天冬酰胺。反密码子连接到编码氨基酸的mRNA密码子上，确定tRNA的位置，这样核糖体就可以把它的氨基酸夺走并添加到链上。接下来tRNA脱落，选择另外一个氨基酸分子，准备参与另外一个反应。

DNA重组

细胞尽其所能来维持DNA序列。但在某些情况下，打乱染色体的基因也能带来好处，这被称为DNA重组。

近距离观察

基因混编

基因混编是大自然确保物种生存的方法。父母双方都有两套染色体，但只为后代提供一套染色体。后代收到哪一套是完全随机的。当DNA复制时，染色体上的基因会再次混合。这些基因分别来自父母中的一方。通过这种方式产生新的适应性，可能会让生物更加具有竞争优势。

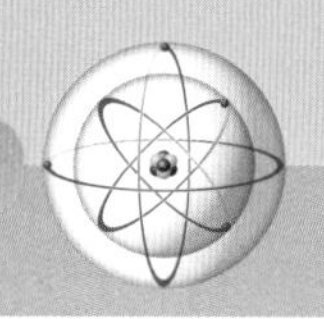

在繁殖过程中，后代从父母那里分别获得一套染色体。当染色体结合产生后代时，DNA发生重组，分别从父母一方获取一些片段，这是大自然的“实验”方法，其目的是产生最佳的遗传特征组合以确保后代的生存。

DNA重组需要断开DNA链。一对染色体中的两条染色体相互交叉交换一大部分或一小部分片段，然后这两条染色体分别与新的染色体结合。染色体对交换的部分可能很大也可能很小。

基因在重组过程中的混合是自然发生的，但科学家们已经学会了这种方法。DNA重组技术可以改变或操纵生物体的基因，有时可以产生一种新的植物或动物。

关键词

- **等位基因：**位于一对同源染色体的同一基因座上的两个不同形式的基因。具有相同或者相似的功能。
- **染色体：**真核细胞的核内染色质在有丝分裂时螺旋化、凝缩成的特定结构。主要由DNA和组蛋白两种成分构成，是遗传信息的载体。
- **密码子：**在翻译过程中mRNA可读框内被连续阅读的3个相邻核苷酸。
- **肽键：**一个氨基酸的α－羧基与另一氨基酸的α－氨基之间缩水反应后形成的一种酰胺键。
- **繁殖：**生物产生新的个体的过程。

转基因生物

科学家们对生化反应及其在生物体内发生的方式已经有了足够的了解，可以在实验室中进行许多此类反应。我们还可以利用这些知识，通过将基因和DNA从一个物种转移到另一个物种，从而创造特殊的性状甚至是特殊的生物。

转基因生物拥有一些在其物种中通常不会出现的DNA序列。“转基因”一词的意思是将基因从一个生物体“移动”或“转移”到另一个生物体。

▼ 检查转基因农作物。有人担心（一些科学家发现）转基因农作物带来的弊端可能会超过它们带来的好处。

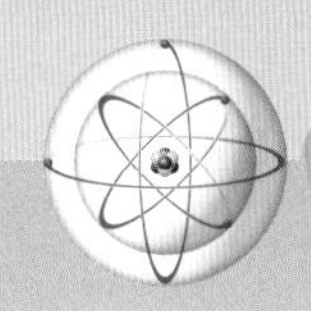

会发光的观赏鱼就是一种转基因生物。能够发出生物荧光的基因被插入这些鱼的DNA中，这些基因来自另一种动物（例如水母）。生物荧光是指水母等生物体发出的光。观赏鱼通常没有这种基因，但转基因鱼有，因为该基因已经被插入到它们的一条染色体中。

处理和转移DNA的生物化学过程需要酶，这种酶切割DNA链并把它们重新粘在一起。这种切割DNA的酶被称为限制性内切酶。这些酶在特定的序列上切割DNA，它们最初是在细菌中被发现的，各种限制性内切酶似乎仅存在于某些细菌菌株（这解释了酶的名称来源）中。科学家和技术人员使用限制性内切酶在特定的位置切割DNA，得到想要的序列。DNA连接酶催化DNA链的重新连接，这种酶可以被用来将基因或其他序列粘贴到一段DNA上。

聚合酶链式反应（PCR）也被广泛用于DNA技术的各种应用领域。1985年，赛特斯公司的职员凯利·穆利斯发明了聚合酶链式反应并用它来复制DNA片

人物简介

凯利·穆利斯

凯利·穆利斯1944年出生在美国北卡罗来纳州。他于1972年毕业于加州大学伯克利分校，获得生物化学博士学位。他发明的聚合酶链式反应，在世界各地的实验室中得到广泛应用。穆利斯于1993年获得诺贝尔化学奖，距离他取得发明成果不到10年。除非是非常重要的成就，否则诺贝尔奖通常不会这么快就颁发。

▶ 只有少数科学家在取得突破性发现后10年内获得了诺贝尔奖，凯利·穆利斯就是其中之一。

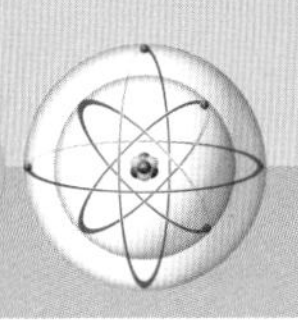

工具和技术

聚合酶链式反应

在犯罪现场工作的法医科学家常常发现很难获得足够的生物材料来进行DNA测试。但即使是最微小的样品也可以使用聚合酶链式反应（PCR）技术来进行测试。这种方法就像一台复印机，可以制作单个DNA序列的多个副本。

当细胞分裂时，它会用聚合酶来复制染色体中的DNA。PCR的原理与此相同。第一步是加热DNA样本，打开DNA双链。当双链分开之后，使用从高温细菌中提取的聚合酶以每条链为模板进行复制。但除非已经存在了一小段核苷酸序列，否则聚合酶不能开始复制DNA链。制造第一个核苷酸序列需要另一种酶作为引物。但必须先将样本冷却，然后升温让聚合酶复制序列。

这个过程大约需要2分钟，最多可重复30次。因为每个新复制的序列都可以成为新模板，最后会得到10亿个新的DNA片段。这些片段可以被用作标记物，用来寻找其他样品中类似的片段。如果片段相匹配，那么法医科学家就能锁定犯罪嫌疑人。

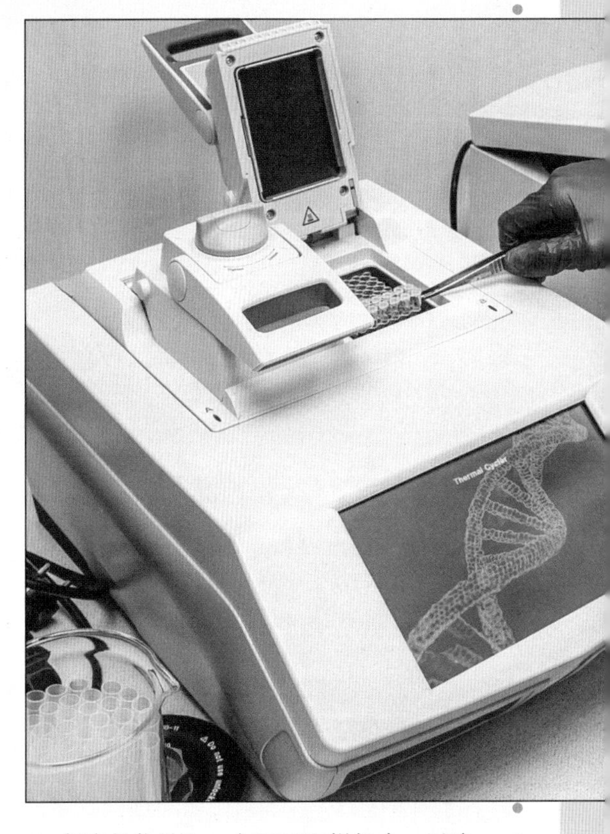

▲ 将有机物放入一台PCR取样机中，以确定物质的来源。这种科学进步对犯罪侦查产生了重要影响。

段。PCR通过加热和冷却循环复制选定的DNA链。加热使双螺旋分离成单链，这样它们就可以被复制（细胞也需要“打开”DNA双链才能复制）。降低温度可以让酶与链结合并复制DNA链。参与DNA复制的酶被称为DNA聚合酶，但PCR过程中使用的酶来自一种能够承受高温的细菌。与大多数蛋白质不同，这些细菌DNA聚合酶不会因为加热而被破坏，可以承受加热循环。PCR复制足够多的DNA序列，使科学家能够修改或实验特定的遗传信息片段。

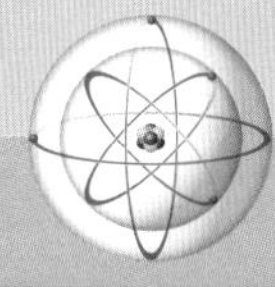

基因改造可能会带来一些好处，比如，调整玉米或西红柿等农作物的基因，让它们生长得更快，保鲜时间更长或者更能够抵抗虫害。转基因食品可以增加世界粮食供应，并养活不断增长的人口。越来越多的农作物有了转基因种子，农民可以从公司购买这些种子。然而，一些人担心以这种方式“改造”遗传信息可能会产生不可预知的后果。他们担心转基因生物可能会扰乱自然平衡，破坏环境，并导致遗传变异丧失。由于变异是生物的进化和适应环境的关键，一些人担心脆弱但重要的物种可能会消失。这场辩论尚无定论。

基因治疗

改造遗传信息的生物化学技术使纠正遗传缺陷成为可能。基因治疗是使用正确的基因替换突变或功能失调的基因的过程。尽管基因治疗还没有成为遗传疾病的常用治疗手段，但研究人员正在努力开发并改进这项技术。

几十年来，研究人员一直在修改实验动物（例如老鼠）的基因。科学家利用DNA重组技术从小鼠及其后代的生殖细胞中删除或者“敲除”一个基因。新插入的序列取代了正常的基因，但它不具备功能。科学家利用这种方法，通过比较基因相同的生物的特征来确定基因的功能，

◀ 图中的这些转基因作物就是操控生物DNA取得的成果之一。

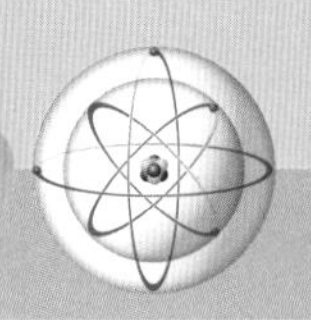

化学在行动

基因疗法

视网膜是眼球后面的一层薄膜，它具有将光转化为电脉冲的细胞，这个过程对视力至关重要。如果患有视网膜色素变性等疾病，多种不同的基因中有一个发生突变，就会导致失明。医生和科学家正在研究能够治疗这类疾病的基因治疗技术。在过去的几年里，他们在这一方面取得了进展。研究人员已经能够为患有一种遗传疾病的狗和小鼠恢复部分视力，这种疾病与人类疾病莱伯氏先天性黑蒙有关，也会导致失明。

▲ 隧道视觉的人眼中的世界。这种疾病可以用基因疗法来治疗。

“基因敲除”小鼠只比正常小鼠少一个基因。基因治疗要困难得多，因为医学治疗不能具有侵入性，通常只涉及患者特定类型和数量的细胞。

◀ 基因敲除小鼠在实验室中被用来测试不同基因的功能。

元素周期表

元素周期表是根据原子的物理和化学性质将所有化学元素排列成一个简单的图表。元素按原子序数从1到118排列。原子序数是基于原子核中质子的数量。原子量是原子核中质子和中子的总质量。每个元素都有一个化学符号，是其名称的缩写。有一些是其拉丁名称的缩写，如钾就是拉丁名称

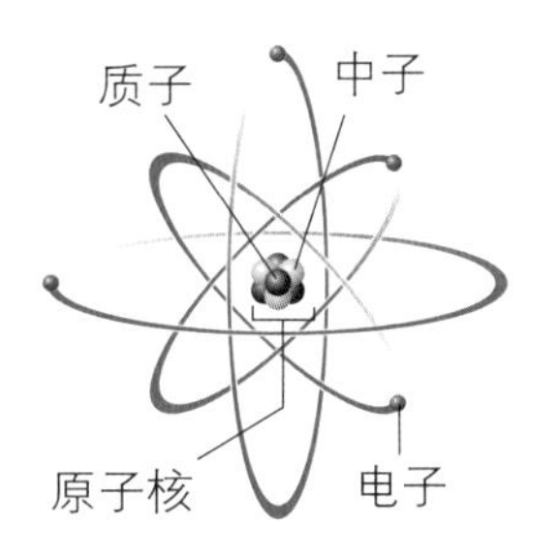

原子结构

33 As 砷 74.92160(2)	
33	原子序数
As	元素符号
砷	元素名称
74.92160(2)	原子量

图例
氢
碱金属
碱土金属
金属
镧系元素

	ⅠA	ⅡA	ⅢB	ⅣB	ⅤB	ⅥB	ⅦB	ⅧB	ⅧB
1	1 H 氢 1.00794(7)								
2	3 Li 锂 6.941(2)	4 Be 铍 9.012182(3)							
3	11 Na 钠 22.989770(2)	12 Mg 镁 24.3050(6)							
4	19 K 钾 39.0983(1)	20 Ca 钙 40.078(4)	21 Sc 钪 44.955910(8)	22 Ti 钛 47.867(1)	23 V 钒 50.9415	24 Cr 铬 51.9961(6)	25 Mn 锰 54.938049(9)	26 Fe 铁 55.845(2)	27 Co 钴 58.933200(9)
5	37 Rb 铷 85.4678(3)	38 Sr 锶 87.62(1)	39 Y 钇 88.90585(2)	40 Zr 锆 91.224(2)	41 Nb 铌 92.90638(2)	42 Mo 钼 95.94(2)	43 Tc 锝 97.907	44 Ru 钌 101.07(2)	45 Rh 铑 102.90550(2)
6	55 Cs 铯 132.90545(2)	56 Ba 钡 137.327(7)	57-71 La-Lu 镧系	72 Hf 铪 178.49(2)	73 Ta 钽 180.9479(1)	74 W 钨 183.84(1)	75 Re 铼 186.207(1)	76 Os 锇 190.23(3)	77 Ir 铱 192.217(3)
7	87 Fr 钫 223.02	88 Ra 镭 226.03	89-103 Ac-Lr 锕系	104 Rf 𬬻 261.11	105 Db 𬭊 262.11	106 Sg 𬭳 263.12	107 Bh 𬭛 264.12	108 Hs 𬭶 265.13	109 Mt 鿏 266.13

镧系元素	57 La 镧 138.9055(2)	58 Ce 铈 140.116(1)	59 Pr 镨 140.90765(2)	60 Nd 钕 144.24(3)	61 Pm 钷 144.91
锕系元素	89 Ac 锕 227.03	90 Th 钍 232.0381(1)	91 Pa 镤 231.03588(2)	92 U 铀 238.02891(3)	93 Np 镎 237.05

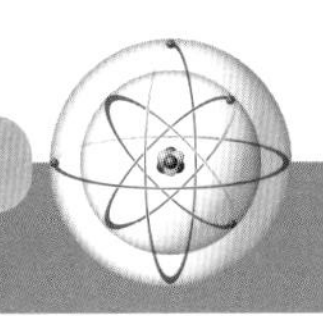

缩写。元素的全称在符号下方标出。元素框中的最后一项是原子量，是元素的平均原子量。

这些排列好的元素，科学家们将其垂直列称为族，水平行称为周期。

同一族中的元素其原子最外层中都具有相同数量的电子，并且具有相似的化学性质。周期表显示了随着原子内外层电子数量的增加逐渐变得稳定。当所有的电子层都被填满（第18族原子的所有电子层都被填满）时，将开始下一个周期。

锕系元素
稀有气体
非金属
类金属

ⅧB	ⅠB	ⅡB	ⅢA	ⅣA	ⅤA	ⅥA	ⅦA	ⅧA
								2 He 氦 4.002602(2)
			5 B 硼 10.811(7)	6 C 碳 12.0107(8)	7 N 氮 14.0067(2)	8 O 氧 15.9994(3)	9 F 氟 18.9984032(5)	10 Ne 氖 20.1797(6)
			13 Al 铝 26.981538(2)	14 Si 硅 28.0855(3)	15 P 磷 30.973761(2)	16 S 硫 32.065(5)	17 Cl 氯 35.453(2)	18 Ar 氩 39.948(1)
28 Ni 镍 58.6934(2)	29 Cu 铜 63.546(3)	30 Zn 锌 65.409(4)	31 Ga 镓 69.723(1)	32 Ge 锗 72.64(1)	33 As 砷 74.92160(2)	34 Se 硒 78.96(3)	35 Br 溴 79.904(1)	36 Kr 氪 83.798(2)
46 Pd 钯 106.42(1)	47 Ag 银 107.8682(2)	48 Cd 镉 112.411(8)	49 In 铟 114.818(3)	50 Sn 锡 118.710(7)	51 Sb 锑 121.760(1)	52 Te 碲 127.60(3)	53 I 碘 126.90447(3)	54 Xe 氙 131.293(6)
78 Pt 铂 195.078(2)	79 Au 金 196.96655(2)	80 Hg 汞 200.59(2)	81 Tl 铊 204.3833(2)	82 Pb 铅 207.2(1)	83 Bi 铋 208.98038(2)	84 Po 钋 208.98	85 At 砹 209.99	84 Rn 氡 222.02
110 Ds 𫟼 (269)	111 Rg 𬬭 (272)	112 Cn 鿔 (277)	113 Uut * (278)	114 Fl 𫓧 (289)	115 Uup * (288)	116 Lv 𫟷 (289)		118 Uuo * (294)

62 Sm 钐 150.36(3)	63 Eu 铕 151.964(1)	64 Gd 钆 157.25(3)	65 Tb 铽 158.92534(2)	66 Dy 镝 162.500(1)	67 Ho 钬 164.93032(2)	68 Er 铒 167.259(3)	69 Tm 铥 168.93421(2)	70 Yb 镱 173.04(3)	71 Lu 镥 174.967(1)
94 Pu 钚 244.06	95 Am 镅 243.06	96 Cm 锔 247.07	97 Bk 锫 247.07	98 Cf 锎 251.08	99 Es 锿 252.08	100 Fm 镄 257.10	101 Md 钔 258.10	102 No 锘 259.10	103 Lr 铹 260.11